Bibliografische Information der Deutschen Nationalbibliothek: Die Deutsche Nationalbibliothek verzeichnet diese Publikation in der Deutschen Nationalbibliografie; detaillierte bibliografische Daten sind im Internet über dnb.dnb.de abrufbar.

© 2017 Christopher Buck

Herstellung und Verlag: BoD – Books on Demand, Norderstedt

9 783744 848565

Vorwort

Der heutige Mathematikunterricht erfordert schnelle Ergebnisse in den Klausuren bzw. Klassenarbeiten. Dabei geht in der heutigen Zeit einiges an Rechenschritten und Umformungen verloren, da diese Operationen von den heute sehr mächtigen graphischen Taschenrechnern (GTR) übernommen werden.

Um dennoch auf das gute alte Handwerkszeug zurückzugreifen zu können, habe ich über 3 Semester lang meine ganzen Mathematikunterlagen aus meiner Abiturzeit an der Berufsoberschule in Neu – Ulm / Bayern (BOS) und dem Grundstudium an der Hochschule für Technik und Wirtschaft (HTW) in Aalen gesammelt und mit Hilfe des sehr guten Lehr – und Übungsbuch von Herr Gellrich, G. mit dem Titel: Mathematik - Ein Lehr - und Übungsbuch, dieses Nachschlagewerk geschaffen.

Auch habe ich großen Wert darauf gelegt, Tipps und Tricks, die ich mir über die Jahre angeeignet habe, in diesem Buch zusammenzufassen.

Ich wünsche der Leserin bzw. dem Leser viel Erfolg beim Mathematikunterricht und, dass ihnen dieses Buch genauso viel Freude bereitet, wie es mir beim Erstellen bereitet hat.

Langenau, Sommer 2017

Christopher Buck

Versionshinweis

Version 1.10	Kapitel 5 wurde überarbeitet und Trigonometrie hinzugefügt
Version 1.09	Kapitel 10 wurde bearbeitet
Version 1.08	Binome wurden überarbeitet
Version 1.07	Kapitel 10 überarbeitet und zusätzliche Infos am Ende angefügt
Version 1.06	Kapitel 10 wurde komplett überarbeitet
Version 1.5	Taschenrechnerbilder wurden in allen Kapiteln (sofern nötig) eingefügt
Version 1.4	Es wurden in Kapitel 4 Zwischenschritte bei den Beispielaufgaben verbessert
Version 1.03	Das Kapitel 2, 3 und 4 wurden überarbeitet und es wurden am Kapitelende Übungsaufgaben angefügt
Version 1.02	Das Kapitel 3 „Andere Funktionen" wurde bearbeitet und erweitert
Version 1.01	Bilder der Taschenrechnertasten wurden eingefügt, um das Arbeiten mit dem Rechner zu erleichtern
Version 1.0	Urfassung

I. Inhalt

Inhaltsverzeichnis

1. Lineare Funktionen (Funktion 1. Grades x^1)

Viele alltägliche Zusammenhänge, zum Beispiel das Verhältnis von einer zurückgelegten Strecke zur verstrichenen Zeit, lassen sich anschaulich darstellen. Hierfür eignet sich (sofern es der Zusammenhang zulässt), die Bildung einer linearen Funktion.

Die lineare Funktion wird mathematisch wie folgt dargestellt:

$$g_{(x)} = y_{(x)} = m * x + b$$

Formel 1 lineare Funktion

Dies ist die allgemeine Darstellungsform. Y(x) bedeutet, dass Y von x abhängig ist. Der gesamte rechte Teil der Gleichung dient nur dazu, für alle Werte von x $(-\infty < x < \infty)$ einen Y Wert auszugeben.

Wenn man sich die einzelnen Teile der Gleichung genauer anschaut, erkennt man, dass m die Steigung und b der Schnittpunkt mit der y – Achse ist.

m wird wie folgt definiert:

$$m = \frac{\Delta y}{\Delta x} = \frac{y_2 - y_1}{x_2 - x_1} = \tan(\alpha)$$

Formel 2 Steigung m

Dass sich zwischen der Steigung m und dem Winkel α [1]ein Zusammenhang auftut, lässt sich graphisch sehr schön darstellen.

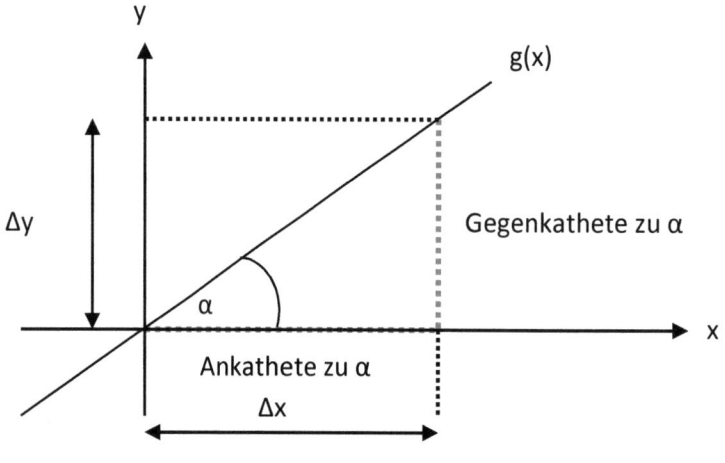

Abbildung 1 Tangens Alpha

---

[1] Winkel α: Die Winkelfunktionen werden in einem extra Kapitel noch ausführlich behandelt und werden hier vorausgesetzt, um die Übersichtlichkeit nicht zu verlieren.

Es gilt:

$$\tan(\alpha) = \frac{\Delta y}{\Delta x}$$

Formel 3 Tangens

Wie man sieht, ist die Steigung der Funktion auch gleich dem Winkel, den sie mit der x – Achse einschließt. Jedoch muss bei der Eingabe in den Taschenrechner beachtet werden, dass bei negativer Steigung auch ein negativer Winkel angegeben wird. Dies liegt an der Definition des Winkels im Einheitskreis.

Positive Steigung: (*1. und 4. Quadrant*[2])

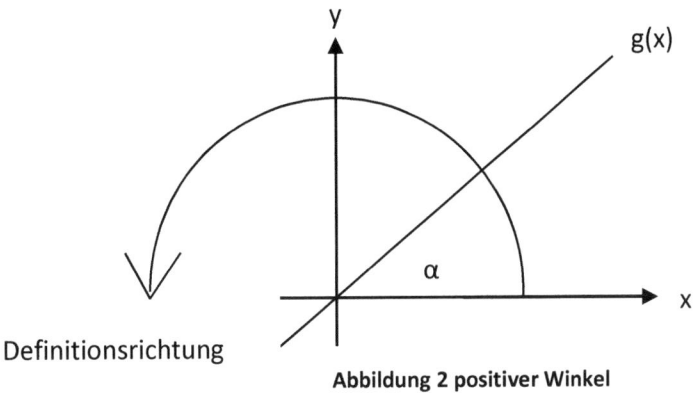

Abbildung 2 positiver Winkel

negative Steigung: (*2. und 3. Quadrant*)

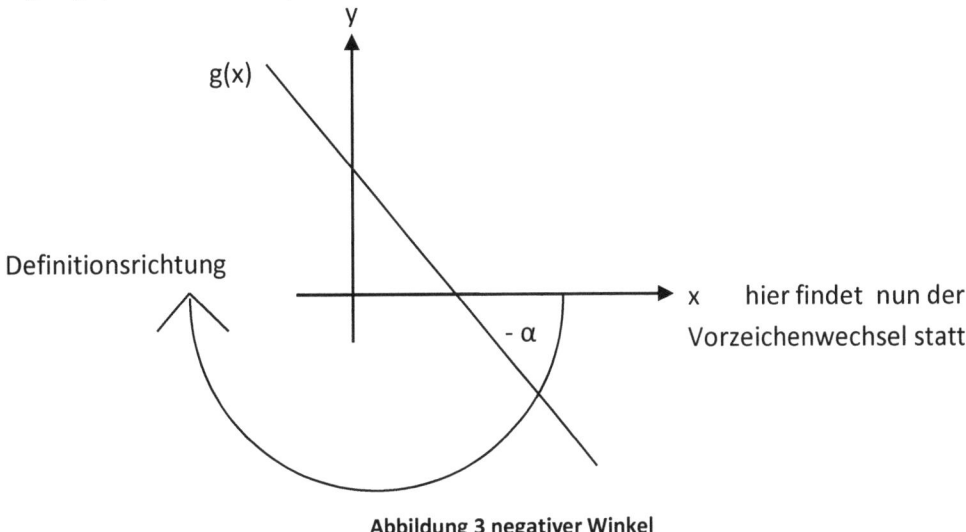

Abbildung 3 negativer Winkel

---

[2] Quadrant: Jedes Koordinatensystem ist in 4 Quadranten eingeteilt

Somit kann man sagen, dass: Ist m > 0 so „steigt" die Gerade und 0° < α < 90°

Ist m > 0 so „fällt" die Gerade und 90° < α < 180°

Die Berechnung des Schnittpunktes mit der y – Achse (als b definiert), lässt sich sehr einfach berechnen. Wir müssen uns zuerst einmal im Klaren sein, dass die y – Achse ja die x- Koordinate 0 hat. Anschließend verwenden wir diese information und fügen sie in die Gleichung 1 von Seite 3 ein und erhalten:

$$y_{(0)} = m * 0 + b = b$$

Formel 4 y – Schnittpunkt

Taschenrechner m

Das Ausrechnen des Winkels mit dem Taschenrechner ist eigentlich auch sehr einfach, sofern man einmal die Steigung (m) ausgerechnet hat.

Wir wollen den Winkel zwischen der Geraden g(x) und der x – Achse berechnen, für m = ½

 anschließend die Taste  anschließend  und nun

geben wir den Wert ½ ein und schließen die Klammer.

sofern der Taschenrechner auf „D" gestellt ist, müsste nun das Ergebnis: 25.5650…. angezeigt werden. Die Einstellung von **DEG** oder wie es im Taschenrechner angezeigt wird „D" geht wie folgt:

 gefolgt von der Taste  und der 3 für Degree

wenn mit den Trigonometrischen Funktionen (z.B.: f(x) = sin(x)) gerechnet werden soll, dann muss der Taschenrechner auf **RAD** gestellt werden. die Einstellung erfolgt analog.

1.1 Aufstellen der Gleichungen

1.1.1 2 Punkte gegeben

Nehmen wir an, wir haben 2 Punkte gegeben A(x_A / y_A) und B (x_B / y_B) und wir wollen die Gleichung der Geraden aufstellen.

Als erstes berechne man die Steigung m:

$$m = \frac{y_A - y_B}{x_A - x_B}$$

Anschließend setzen wir einen Punkt in die Grundgleichung ein, um b zu berechnen:

$$y_A = \frac{y_A - y_B}{x_A - x_B} * (x_A) + b$$

Nun muss diese Gleichung nur noch nach b „umgestellt" werden:

$$b = y_A - \frac{y_A - y_B}{x_A - x_B} * (x_A)$$

Somit lautet die Gleichung der Geraden (in allgemeiner Form):

$$y_{(x)} = \frac{y_A - y_B}{x_A - x_B} * x + \left\{ y_A - \frac{y_A - y_B}{x_A - x_B} * (x_A) \right\}$$

Formel 5 Geradengleichung 2 Punkt allgemein

1.1.2 1 Punkt & y – Schnittpunkt (b) gegeben

Nehmen wir an, wir haben 2 Punkte gegeben A(x_A / y_A) und den y- Achsen Schnittpunkt P (0 / y_{SP}) und wir wollen die Gleichung der Geraden aufstellen.
Wir gehen wie in Punkt 1.1.1 vor und berechnen zuerst die Steigung m:

$$m = \frac{y_A - y_{SP}}{x_A - 0}$$

Da wir die Koordinaten von b schon haben, können wir nun diese in die Gleichung einsetzen und nach b auflösen:

$$y_{SP} = \frac{y_A - y_B}{x_A - x_B} * (0) + b$$

daraus ergibt sich nun folgendes:

$$y_{SP} = b$$

somit haben wir alle Informationen, um die Gleichung aufzustellen:

$$y_{(x)} = \frac{y_A - y_{SP}}{x_A - 0} * x + y_{SP}$$

Formel 6 Geradengleichung 1 Punkt & b allgemein

Da diese beiden Beispiele natürlich nicht alle Möglichkeiten abdecken empfiehlt es sich dennoch, diese als Hauptwerkzeug zu benutzen. Gegebenenfalls muss beim Aufstellen der Gleichung eine Mischung aus beiden zur Hilfe genommen werden.

1.2 lineare Funktionen mit Parameter

Parameter können als eine weitere Variable angesehen werden. Nehmen wir z.B. einmal an, wir haben die Gleichung

$$f_{(x)} = a * x + b$$

bei dieser Gleichung wäre das a ein Parameter. Der Parameter a bewirkt, dass sich nun für a Werte im Bereich $(-\infty < a < \infty)$ einsetzen lassen. Das sich für diesen Fall ergebende Bild sieht wie folgt aus:

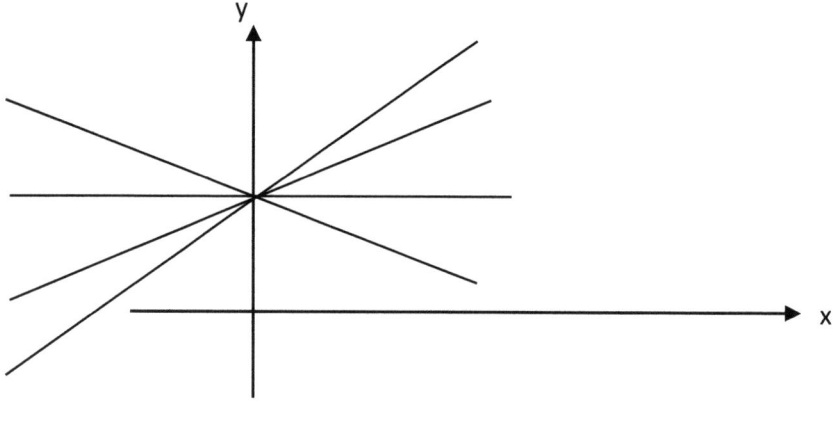

Abbildung 4 Geradenbüschel

Das sich so einstellende Bild nennt man einen **Geradenbüschel** mit dem **Büschelpunkt** b.

Setzt man nun den Punkt b als Parameter an, so ergibt sich folgendes Bild:

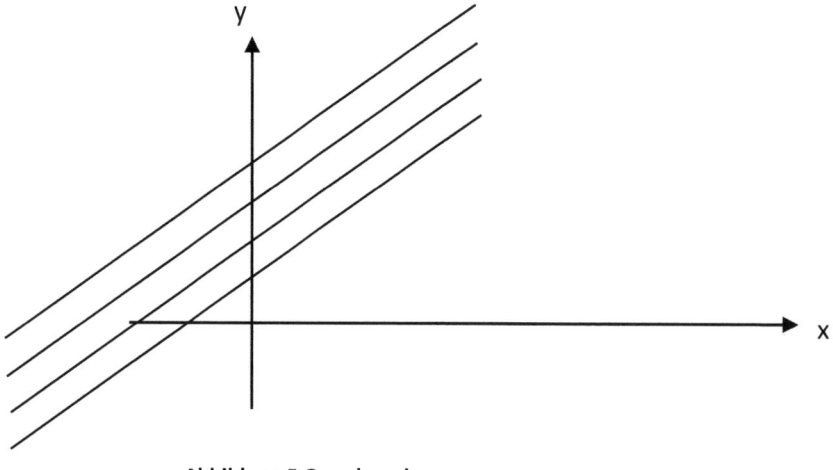

Abbildung 5 Geradenschaar

Dieses Bild nennt man **Geradenschaar**. Alle Geraden haben, sofern gleiches m, die gleiche Steigung und sind somit parallel.

1.3 Aufgabensammlung Lineare Funktionen

Zeichne die Schaubilder der folgenden Funktionen in ein gemeinsames Koordinatensystem mit $-5 \le x \le 5$

a) $f_1(x) = \dfrac{1}{2}x - 1$

d) $f_4(x) = x + 1$

g) $f_7(x) = -x + 1$

b) $f_2(x) = \dfrac{1}{2}x$

e) $f_5(x) = 2x + 1$

h) $f_8(x) = -\dfrac{1}{2}x + 1$

c) $f_3(x) = \dfrac{1}{2}x + 1$

f) $f_6(x) = -2x + 1$

i) $f_9(x) = 1$

a) Bestimme die Funktionsgleichungen von g_1, g_2, g_3 und g_4 mit Hilfe der nebenstehenden Schaubilder:

b) Zeichne die Graphen der folgenden Funktionen in das nebenstehende Koordinatensystem:

$f_1(x) = \dfrac{1}{4}x - 4$ $f_3(x) = -2$

$f_2(x) = -\dfrac{3}{5}x - 3$ $f_4(x) = -\dfrac{4}{3}x + 4$

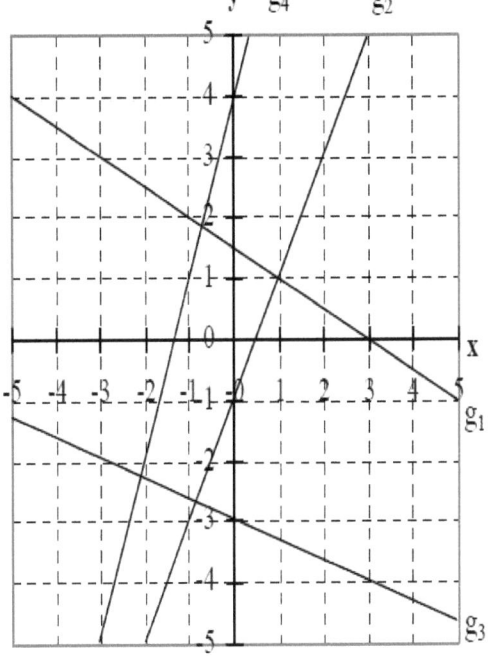

a) Wie lautet die Gleichung der Parallelen zur x-Achse, die durch $P(0|2)$ geht?

b) Warum lässt sich die Parallele zur y-Achse durch den Punkt $Q(2|0)$ nicht als Funktion darstellen?

Gegeben sei die Funktion $f(x) = \dfrac{2}{3}x - 1$. Bestimme die Funktionsgleichungen von jeweils **vier** Geraden, die

a) parallel zum Schaubild von f verlaufen

b) orthogonal zum Schaubild von f verlaufen

c) die y-Achse im gleichen Punkt schneiden wie das Schaubild von f.

2. Quadratische Funktionen (Funktion 2. Grades x^2)

Funktionen der Form:

$$f_{(x)} = ax^2 + bx + c$$

Formel 7 quadratische Funktion (explizit)

Die einzelnen Glieder sind wie folgt benannt:

quadratisches Glied:	ax^2
lineares Glied:	bx
absolutes Glied:	c

Die einzelnen Glieder haben folgende Funktion:

Öffnung:	a	(a<0 = gestreckt ; a>0 = gestaucht)
		(-a = nach unten offen; +a = nach oben offen)
Verschiebung	b	(wird in Punkt 2.1 näher darauf eingegangen)
y- Achsen Schnittpunkt	c	(Parabel schneidet Achse)

Die einfachste Form der Parabel, ist die Normalparabel:

$$f_{(x)} = ax^2$$

Formel 8 Normalparabel (für a=1)

wobei hierfür a = 1 sein muss.

2.1 Die Binome und das Pascalsche Dreieck

2.1.1 3 Binomischen Formeln

Bevor man sich näher mit den quadratischen Funktionen beschäftigt, sollte man sich zuerst einmal näher mit den Binomen auseinandersetzen.

1. $(a + b)^2 = (a + b)(a + b) = a^2 + ab + ab + b^2 = a^2 + 2ab + b^2$

2. $(a - b)^2 = (a - b)(a - b) = a^2 - ab - ab + b^2 = a - 2ab + b^2$

3. $(a - b)(a + b) = a^2 - ab + ab - b^2 = a^2 - b^2$

2.1.1 Besonderheiten: quadratische Ergänzung

Die quadratische Ergänzung ist eine Anwendung der binomischen Formel, also konkret der Formeln

$$(x \pm b)^2 = x^2 \pm 2bx + b^2$$

Beispiel:

$f_{(x)} = x^2 + 4x - 3$ wenn wir diese Formel auf die Form der oben angegeben bringen wollen, dann fällt uns auf, dass $b = 2$ ist. Wir setzen alles in die oben aufgeführte Formel ein:

$$f_{(x)} = x^2 + 2 * 2x + 2^2 - 2^2 - 3 = (x^2 + 4x + 4) - 4 - 3 = (x + 2)^2 - 7$$

Hier wird eine „Null" eingefügt, vertreten durch den Ausdruck $+b^2 - b^2 = +2^2 - 2^2$, um die ursprüngliche Gleichung beizubehalten, das ist die eigentliche „quadratische Ergänzung".

Ein weiteres Beispiel:

$f_{(x)} = 2x^2 - 8x - 4$ zuerst müssen wir es auf Form: $1 * x^2 \pm 2 * b * x \pm \cdots$ bringen

$= x^2 - 4x - 2$ durch 2 teilen, damit diese Vorgabe erfüllt ist

$= x^2 - 2 * 2x + 2^2 - 2^2 - 2$ nun ergänzen wir den fehlenden Term, damit die Vorgabe erfüllt ist

$= (x - 2)^2 - 4 - 2$ wir klammern das Binom aus

$= (x - 2)^2 - 6$ wir erhalten die fertige Gleichung (Scheitel!)

2.1.2 Pascalsche Dreieck

Ein wichtiges Hilfsmittel zum Lösen von Binomen, Trinomen oder Funktionen des Grades $(a + b)^n$, ist das sogenannte Pascalsche Dreieck[3]. Mit diesem Dreieck lassen sich sehr schnell Binome mit höherer Potenz berechnen. Dies geht wie Folgt:

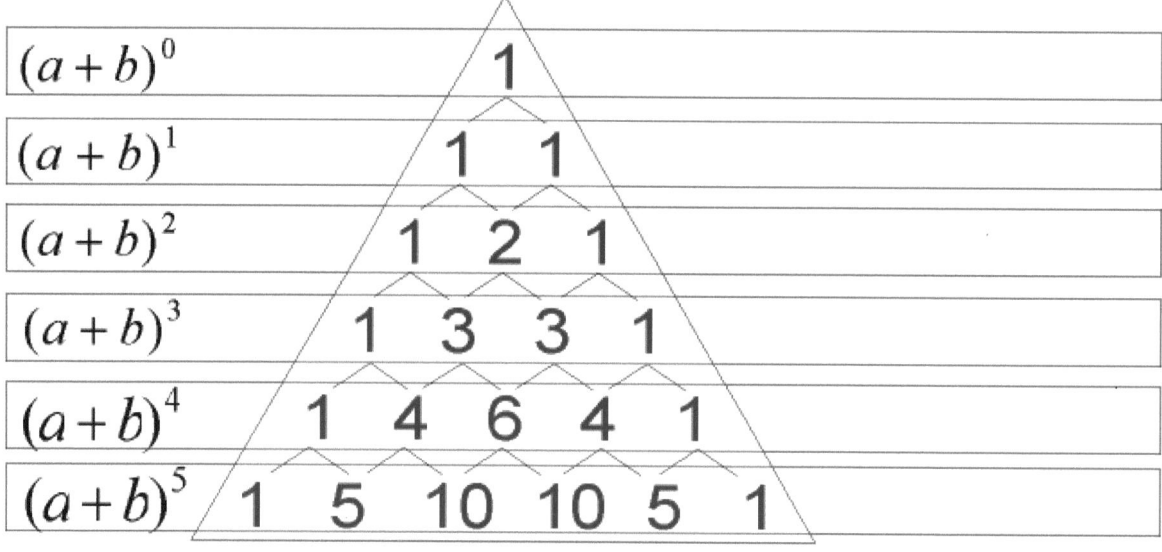

Abbildung 6 Pascalsche Dreieck

Hat man zum Beispiel die Funktion

$$f_{(x)} = (x + 2)^2$$

so sieht man gleich, dass es sich um eine Funktion des Grades 2 handelt (Pascalsches Dreieck 3. Spalte von oben). Nun erkennt man, dass für diesen Gleichungstypen gilt: 1 2 1. Man setze nun das a und das b ein und erhält:

$$x + 2 \, ? \, ? + 2$$

da es sich um eine Gleichung des Typus n = 2 handelt, müssen alle Glieder am Anfang und am Ende auf die Potenz n=2 gebracht werden:

$$x^2 + 2 \, ? \, ? + 2^2$$

Nun müssen wir uns noch der Mitte zuwenden. Aus der Abbildung 6 erkennt man, dass die Mitte gleich 2-mal dem Produkt der beiden äußeren Komponenten der vorangegangenen Potenz gebildet wird:

$$x^2 + 2 * 2x + 2^2 = x^2 + 4x + 4 = (x + 2)^2$$

fertig ist die Funktion.

---

[3] vgl.: http://de.wikipedia.org/wiki/Pascalsches_Dreieck

2.2.3 Besonderheiten von Binomen

Ein Binom hat immer nur eine Doppelte Nullstelle. Dies wird am einfachsten anhand eines Beispiels deutlich. Nehmen wir einmal die Funktion $f_{(x)} = x^2 + 4x + 4$ oder auch als Binom geschrieben $f_{(x)} = (x + 2)^2$

Setzen wir nun diese Funktion in die quadratische Lösungsformel ein, so erhalten wir:

$$x_{1/2} = \frac{-4 \pm \sqrt{4^2 - 4 * 1 * 4}}{2 * 1}$$

schaut man sich bei diesem Ausdruck einmal die Diskriminante ($D = b^2 - 4ac$) einmal genauer an, so fällt auf, dass diese 0 ergibt. Die Funktion $f_{(x)} = x^2 + 4x + 4$ hat somit die doppelte Nullstelle:

$$x_{1/2} = -2$$

$$\mathbb{L} = \{-2|0\}$$

2.2 „Mitternachtsformel"

Um eine Gleichung der Form:

$$f_{(x)} = y = ax^2 + bx + c$$

lösen zu können, bedarf es einiger Umformungen. Zuerst einmal handelt es sich um Nullstellen, was zur Folge hat, dass y = o gesetzt wird:

$$0 = ax^2 + bx + c$$

Da es sich um eine quadratische Gleichung handelt, gibt es 2 Lösungen:

$$x_{1/2} = \frac{-b \pm \sqrt{b^2 - 4ac}}{2a}$$

Formel 9 Mitternachtsformel

Der Term unter der Wurzel wird auch als Diskriminante bezeichnet und hat großen Einfluss auf die Lösungen der Gleichung:

D < 0: $\mathbb{L} = \{ \ | \ \}$

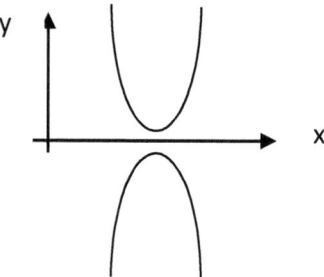

D=0 $\mathbb{L} = \{\frac{-b}{2a}\}$

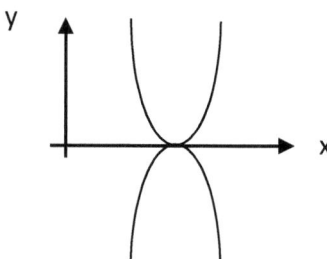

D>0 $\mathbb{L} = \left\{ \frac{-b+\sqrt{b^2-4ac}}{2a} \ \middle| \ \frac{-b-\sqrt{b^2-4ac}}{2a} \right\}$

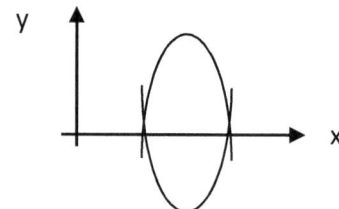

Taschenrechner Nullstellen

Zum Erstellen einer Wertetabelle, zur Berechnung der Nullstellen oder, um den Graph zeichnen zu

können, wird eine Wertetabelle benötigt. Drücken Sie beim fx 85 ES, die Taste

Anschließend müsste dieses Bild angezeigt werden

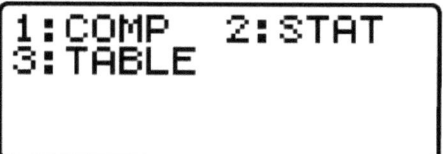

Für eine Wertetabelle wählen wir den Punkt 3

Nun müssen wir nur noch unsere Funktion eingeben, wie wir sie aufschreiben würden

Nun müsste das angezeigte Bild ungefähr (abhängig von der Funktion) diesem hier

entsprechen. Bestätigen sie die Eingabe nun mit der Taste

Nun müssen nur noch die Anfangs – und Endwerte definiert werden und die Schrittweite. Nach dem

Bestätigen mit der Taste  müsste nun die Wertetabelle ähnlich der unteren aussehen

2.3 Darstellungsmöglichkeiten der quadratischen Funktionen

Es gibt verschiedene Arten, wie man eine quadratische Funktion darstellen kann. Eine davon haben wir in Abschnitt 2.0 schon kennengelernt:

explizite Form: $$f_{(x)} = y = ax^2 + bx + c$$

Scheitelform: $$f_{(x)} = y = a(x - x_s)^2 + y_s$$
Formel 10 Scheitelform

Nullstellenform: $$f_{(x)} = y = a(x \pm x_{1/2})^2$$
Formel 11 Nullstellenform

Die Scheitel-, wie auch die Nullstellenform Führen immer auf die explizite Form zurück. In manchen Fällen sind diese jedoch Vielfache davon.

2.4 Aufstellen der quadratischen Funktion

2.4.1 allgemein

Allgemein kann gesagt werden, dass man für jede Unbekannte in einer Gleichung, eine weitere Gleichung benötigt wird, um das System zu lösen.

Zum Beispiel sieht man anhand der hier umgestellten Geradengleichung:

$$y_{(x)} = \frac{y_A - y_B}{x_A - x_B} * x + \{y_A - \frac{y_A - y_B}{x_A - x_B} * (x_A)\}$$

wie die Grundgleichung

$$g_{(x)} = y_{(x)} = m * x + b$$

nach m und b umgestellt wurde. Analog können wir auch bei einer quadratischen Gleichung vorgehen und bekommen:

$$f_{(x)} = y = ax^2 + bx + c$$

eine Gleichung umgestellt nach: a

b

c

in Summe werden also bei den quadratischen Funktionen 3 Gleichungen gebraucht. Wie man diese Gleichungen entwickelt, wird in den nächsten Punkten ausführlich besprochen.

2.4.2 2 Punkte und der Scheitel gegeben

Gegeben sei der Scheitel einer Parabel $S = (x_S|y_S)$ und ein Punkt $P = (x_P|y_P)$. Über die Öffnung a ist nichts bekannt. Wir setzen nun all unsere Informationen in die Gleichung 10

$$f_{(x)} = y = a(x - x_S)^2 + y_S$$

ein

$$y_P = a(x_P - x_S)^2 + y_S$$

und stellen diese nach a um

$$a = \frac{y_P - y_S}{x_P{}^2 - 2x_P x_S + x_S{}^2}$$

anschließend können wir die umgestellte Gleichung einsetzen und bekommen unsere quadratische Funktion in der Scheitelform

$$f_{(x)} = \frac{y_P - y_S}{x_P{}^2 - 2x_P x_S + x_S{}^2} * (x - x_s)^2 + y_s$$

Formel 12 Scheitelform allgemein

2.4.3 3 Punkte gegeben und kein Scheitel

Gegeben seien die Punkte $A = (x_A|y_A)$, $B = (x_B|y_B)$ und $C = (x_C|y_C)$

Da wir keinen Scheitelpunkt haben, müssen wir auf die explizite Form

$$f_{(x)} = ax^2 + bx + c$$

zurückgreifen und nacheinander nach den Variablen a,b und c auflösen. Wir beginnen mit dem einsetzen des Punktes A in die Gleichung f(x):

$$y_A = a(x_A)^2 + b(x_A) + c$$

$$c = y_A - a(x_A)^2 - b(x_A)$$

anschließend nehmen wir den Punkt B und lösen nach b auf:

$$y_B = a(x_B)^2 + b(x_B) + y_A - a(x_A)^2 - b(x_A)$$

$$b = \frac{y_B - a[x_B{}^2 - x_A{}^2] + y_A}{x_B - x_A}$$

Als letztes müssen wir nur noch den letzten Punkt in die explizite Form einfügen:

$$y_C = a(x_C)^2 + \left\{\frac{y_B - a[x_B^2 - x_A^2] + y_A}{x_B - x_A}\right\} x_C + y_A - a(x_A)^2 - \left\{\frac{y_B - a[x_B^2 - x_A^2] + y_A}{x_B - x_A}\right\} x_A$$

Diese Gleichung nach a umgestellt ergibt (die Zwischenschritte können bei Bedarf nachgereicht werden☺):

$$a = \frac{y_C - y_A - \dfrac{y_B x_C - y_A x_C}{x_B x_C - x_A x_C} + \dfrac{y_B x_A - y_A x_A}{x_B x_A - x_A x_A}}{x_C{}^2 - x_A{}^2 - \dfrac{x_B{}^2 x_C + x_A{}^2 x_C}{x_B x_C - x_A x_C} - \dfrac{x_B^2 x_A - x_A^2 x_A}{x_B x_A - x_A x_A}}$$

Nachdem wir a ausgerechnet haben, werden die Ergebnisse nach einander in die Gleichungen:

$$b = \frac{y_B - a[x_B{}^2 - x_A{}^2] + y_A}{x_B - x_A}$$

$$c = y_A - a(x_A)^2 - b(x_A)$$

eingesetzt. Anschließend haben wir die Werte für a, b und c und können die fertige Gleichung angeben.

Diese Ergebnisse lassen selbst eingefleischt Mathematiker schlucken. Nehmen wir aber 3 reelle Punkte A(-5;21), B(-2;3) und C(5;31) und setzen diese in die umgestellten Gleichungen ein, so erhalten wir während des Rechnens schon sehr übersichtliche Ergebnisse. Auch die Endergebnisse sind sehr übersichtlich:

A=1

B=1

C=1

2.5 Quadratische Funktionen mit Parameter

Wie auch schon bei den linearen Funktionen, so kann man auch bei den quadratischen Funktionen einen Parameter einfügen, jedoch bewirkt er nicht immer das, was man auf den ersten Blick zu vermuten scheint.

wir fügen nun nacheinander den Parameter z in die explizite Form ein, da jeder der oben aufgeführten Gleichungen durch ausmultiplizieren auf diese Form gelangt.

1) Analog zu den linearen Funktionen bewirkt eine Veränderung am quadratischen Glied,

$$f_{(x)} = y = zx^2 + bx + c$$

dass sich die Parabel staucht oder streckt.

2) Auch analog, bewirkt eine Veränderung am absoluten Glied,

$$f_{(x)} = y = ax^2 + bx + z$$

dass sich die Parabel auf der y – Achse nach oben oder unten verschiebt.

3) Eine Veränderung am linearen Glied,

$$f_{(x)} = y = ax^2 + zx + c$$

bewirkt jedoch, dass sich die Parabel auf einer Kurve, angedeutet durch die Punkte in Abbildung 6 S. 12, bewegt. Bei $(0 < z < \infty)$ in negative x – Richtung und bei $(0 > z > -\infty)$ analog in die andere Richtung.

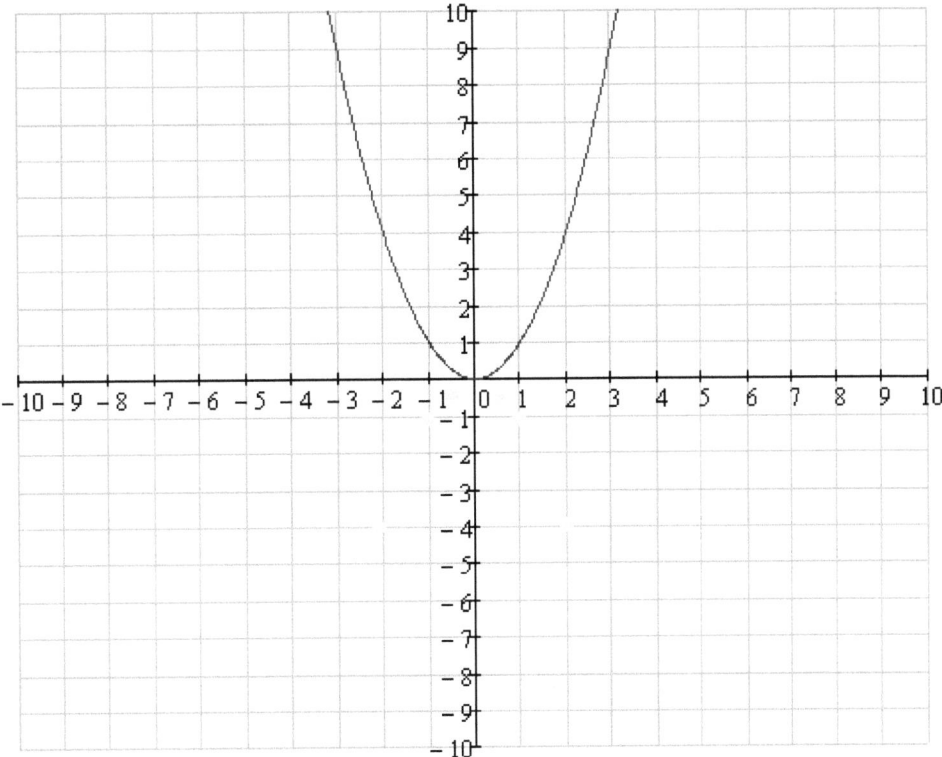

Abbildung 7 Linearglied mit Parameter

2.6 Schnittpunkte und Abstände von Funktionen

2.6.1 Schnittpunkte

2.6.1.1 Schnittpunkte von linearen Funktionen

Will man den Schnittpunkt von 2 linearen Funktionen herausfinden, so gibt es 3 Möglichkeiten, wie diese Funktionen zueinander in Beziehung stehen können:

    1:     identisch
    2:     parallel
    3:     ungleich

dementsprechend Fallen auch die Ergebnisse aus:

identisch: $\mathbb{L} = \{\infty | \infty\}$ für alle Werte von x, liegt g1 auf g2

parallel: $\mathbb{L} = \{\ \ | \ \ \}$ es gibt kein x – Wert von g1, der mit g2 übereinstimmt

ungleich: $\mathbb{L} = \{x | y\}$ für einen x-Wert von g1 gibt es einen y – Wert von g2

Vorgehen:

$$g_1 = g_2$$

$$m_1 x_1 + b_1 = m_2 x_2 + b_2$$

sortieren (alle x auf eine und alle b auf die andere Seite)

$$(m_1 \pm m_2) * x = b_1 \pm b_2$$

nun kann anhand dieses Terms der x – Wert des Schnittpunktes ausgerechnet werden. Den y – Wert erhält man durch einsetzen des x – Wertes in eine der beiden Geradengleichungen g1 oder g2

2.6.1.2 Schnittpunkte von linearen und quadratischen Funktionen

Will man den Schnittpunkt von den oben genannten Funktionen herausfinden, so gibt es 3 Möglichkeiten, wie diese Funktionen zueinander in Beziehung stehen können:

1:    schneiden sich 2-mal   Sekante
2:    schneiden sich genau einmal   Tangente
3:    schneiden sich gar nicht   Passante

dementsprechend Fallen auch die Ergebnisse aus:

Sekante: $\mathbb{L} = \begin{Bmatrix} x_1 & y_1 \\ x_2 & y_2 \end{Bmatrix}$ jeweils 2 unterschiedliche Schnittpunkte

Tangente: $\mathbb{L} = \{x_{1,2} | y_{1,2}\}$ einen Doppelten Schnittpunkt
Passante: $\mathbb{L} = \{\ \ | \ \ \}$ keinen Schnittpunkt

Hier geht man analog, wie bei den 2 linearen Funktionen vor, jedoch gibt es hier maximal 2 Schnittpunkte.

Nach dem Sortieren der Terme, bekommt man erneut eine quadratische Gleichung der Form:

$$f_{(x)} = ax^2 + bx + c = 0$$

Anschließend lösen wir diese Gleichung mit der quadratischen Lösungsformel (Mitternachtsformel) und bekommen die Schnittpunkte.

man kann sich viel Rechenarbeit sparen, indem man dich die Diskriminante[4] der Gleichung anschaut, da diese direkt mit der Anzahl der Lösungen und somit auch mit der Beziehung der beiden Funktionen zueinander, steht:

$D < 0$ Passante

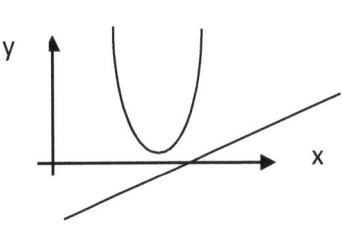

$D = 0$ Tangente

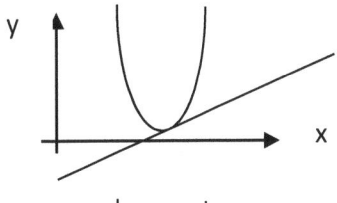

$D > 0$ Sekante

2.6.1.3 Schnittpunkte von quadratischen Funktionen

Will man den Schnittpunkt von den oben genannten Funktionen herausfinden, so gibt es 3 Möglichkeiten, wie diese Funktionen zueinander in Beziehung stehen können:

1:       schneiden sich 2-mal
2:       schneiden sich genau einmal
3:       schneiden sich gar nicht

dementsprechend Fallen auch die Ergebnisse aus:

$$\mathbb{L} = \begin{Bmatrix} x_1 & y_1 \\ x_2 & y_2 \end{Bmatrix}$$ jeweils 2 unterschiedliche Schnittpunkte

---

[4] $D = b^2 - 4ac$

$$\mathbb{L} = \{x_{1,2} | y_{1,2}\}$$ einen Doppelten Schnittpunkt (Gleichung ist ein Binom!)

$$\mathbb{L} = \{ \quad | \quad \}$$ keinen Schnittpunkt

Auch hier geht man so vor, dass man die beiden Funktionen auf die Form:

$$f_{(x)} = ax^2 + bx + c = 0$$

bringt und die quadratische Lösungsformel anwendet. Auch hier sagt die Diskriminante wieder aus, ob sich die beiden Funktionen schneiden, berühren oder aneinander vorbeilaufen (vgl.: *2.6.1.2 Schnittpunkte von linearen und quadratischen Funktionen*)

2.6.2 Abstände
2.6.2.1 Abstände von linearen Funktionen

Lineare Funktionen haben einen minimalten Abstand, sofern sie nicht identisch sind oder eine ungleiche Steigung haben, denn sonst ist der minimalte Abstand = Schnittpunkt.

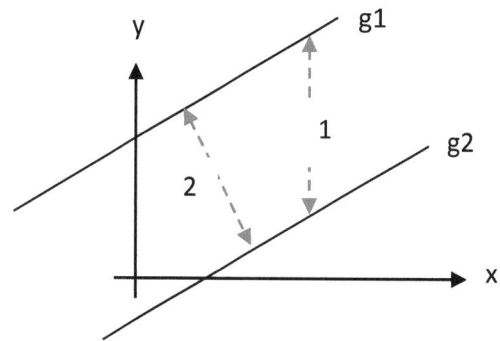

Allgemein gibt es 2 Möglichkeiten den Abstand von 2 Funktionen zu bestimmen:

1:      Man wählt die Form:

$$d = \Delta y = g_1 - g_2$$

Hierbei berechnet man quasi nur die Differenz der y Werte an einem Punkt.

2:      Man berechnet das Lot, welches auf einer der beiden Geraden gefällt wird und konstruiert über Pythagoras ein rechtwinkliges Dreieck, welches dann an seiner längsten Seite den minimalsten Abstand aufweist.

Das Lot einer Geraden wird nach der Formel:

$$y_{Lot} = -\frac{1}{m_{alt}} * x + b_{alt}$$

berechnet, wobei das alt, für die Geradenparameter stehen, auf der das Lot gefällt wird.

Beispiel:

$$g_{1(x)} = x + 2 \qquad g_{2(x)} = x$$

Die Gleichung der Lotgeraden wäre demnach

$$g_{Lot(x)} = -\frac{1}{1}x + 2$$

Schaubild der 3 Geraden im Koordinatensystem

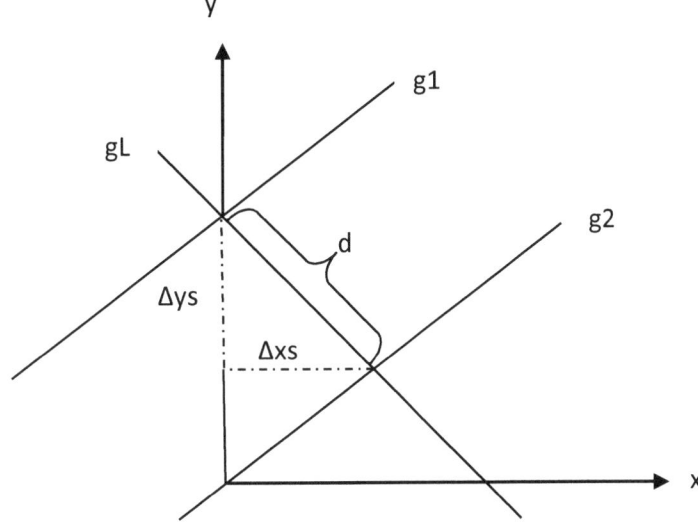

Nun hat man ein rechtwinkliges Dreieck, mit d, als Hypotenuse. Den minimalsten Abstand d bekommt man nun über den Pythagoras

$$d = \sqrt{{\Delta y_s}^2 + {\Delta x_s}^2}$$

$$d = \sqrt{\left(y_{2_{gl/g1}} - y_{s_{gl/g2}}\right)^2 + (x_{s_{gl/g2}} - x_{s_{gl/g1}})^2}$$

2.6.2.2 Abstände von linearen und quadratischen Funktionen

Vergleiche hierzu das Kapitel: *2.6.1.2 Schnittpunkte von linearen und quadratischen Funktionen*

2.6.2.3 Abstände von quadratischen Funktionen

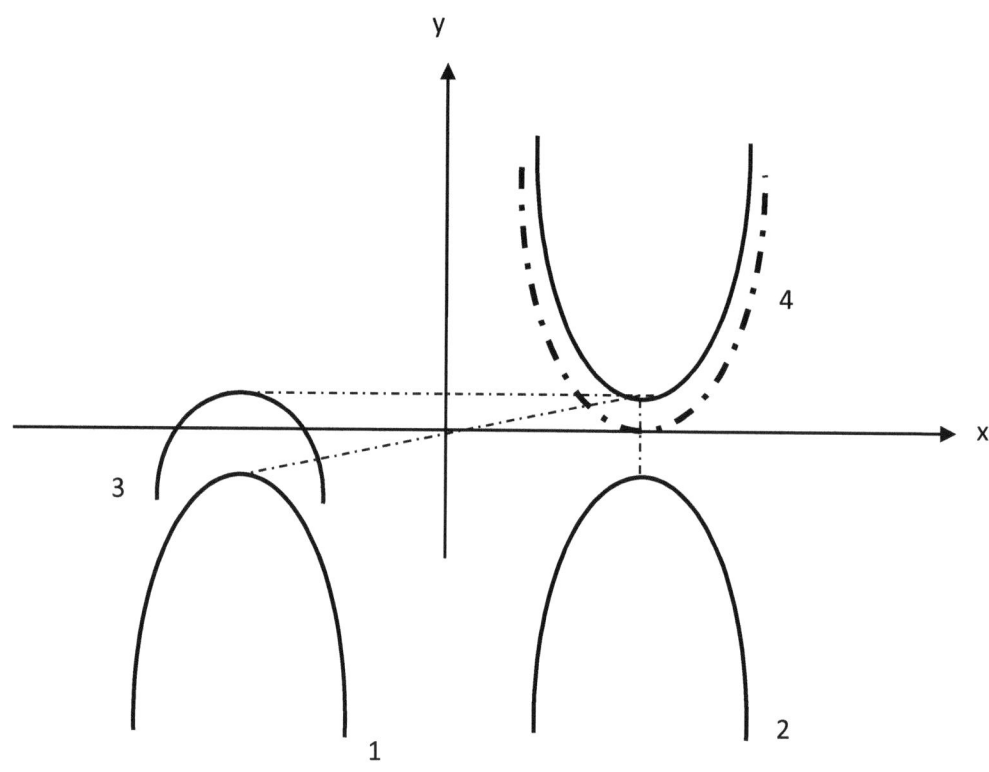

3 Mögliche Konstellationen:

1:      *Orientierung:*   Parabeln sind „schräg" zueinander angeordnet

        Abstand: Über Pythagoras: $d = \sqrt{{\Delta y_s}^2 + {\Delta x_s}^2}$

        Besonderheiten: geht nur, wenn Vorzeichen unterschiedlich sind, da sonst Schnittpunkt

2:      *Orientierung:*   Parabeln sind „gespiegelt" an der x – Achse

        Abstand: Über Δy_s

        Besonderheiten: geht nur, wenn $a_1 \neq a_2$, denn sonst schneiden sich die beiden Parabeln

3   *Orientierung:*   Parabeln sind „doppelt gespiegelt

        Abstand: über Δx_s

        Besonderheiten: geht nur, wenn Vorzeichen unterschiedlich sind, da sonst Schnittpunkt

2.7 Aufgabensammlung quadratische Funktionen

Bestimme die Gleichung der verschobenen Normalparabeln mit dem folgenden Scheiteln:

a) $S(3|0)$ c) $S(0|2)$ e) $S(4|2)$ g) $S(-5|-1)$

b) $S(-1|0)$ d) $S(0|-7)$ f) $S(-3|2)$ h) $S(3|-2)$

Bestimme die Scheitelpunktform und den Scheitelpunkt der folgenden Parabeln.

a) $f(x) = x^2 + 4x + 4$ g) $f(x) = x^2 + 8x + 17$ m) $f(x) = \frac{1}{3}x^2 - x - \frac{4}{3}$

b) $f(x) = x^2 + 4x + 3$ h) $f(x) = 2x^2 - 4x + 6$ n) $f(x) = \frac{1}{2}x^2 - x - \frac{7}{2}$

c) $f(x) = x^2 + 4x - 2$ i) $f(x) = -2x^2 - 4x + 2$ o) $f(x) = -\frac{1}{4}x^2 - \frac{1}{2}x + \frac{15}{4}$

d) $f(x) = x^2 - 2x + 1$ j) $f(x) = -x^2 - 5x - 4$ p) $f(x) = -\frac{1}{2}x^2 - 2x - 5$

e) $f(x) = x^2 - 2x$ k) $f(x) = -x^2 - 4x - 4$ q) $f(x) = (2x - \frac{1}{2})^2 + 1$

f) $f(x) = x^2 + 6x + 8$ l) $f(x) = -x^2 - x - \frac{5}{4}$ r) $f(x) = x^2 + px$

Bestimme die Koordinaten aller gemeinsamen Punkte von f und g:

a) $f(x) = x^2 + 2x$ und $g(x) = x + 6$ d) $f(x) = x^2 + 3x + 5$ und $g(x) = -x + 1$

b) $f(x) = \frac{1}{2}x^2 + \frac{1}{2}$ und $g(x) = -\frac{3}{2}x - \frac{1}{2}$ e) $f(x) = x^2 + 1$ und $g(x) = x^2 - 1$

c) $f(x) = x^2 - 4x - 2$ und $g(x) = -x^2 + 2x + 6$ f) $f(x) = 2x^2 - 4x + 3$ und $g(x) = -x^2 - 2x + 2$

Bestimme die Gleichung der Parabel, die durch die Punkte P_1, P_2 und P_3 verläuft.

a) $P_1(0|0)$, $P_2(1|2)$ und $P_3(3|-6)$ d) $P_1(1|3)$, $P_2(-1|1)$ und $P_3(2|7)$

b) $P_1(0|-2)$, $P_2(2|1)$ und $P_3(-1|-\frac{11}{4})$ e) $P_1(1|1)$, $P_2(-1|3)$ und $P_3(2|3)$

c) $P_1(-2|2)$, $P_2(-1|0)$ und $P_3(3|-28)$ f) $P_1(2|7)$, $P_2(1|3)$ und $P_3(0|1)$.

Vom Schaubild einer Parabel ist der Scheitelpunkt S und ein weiterer Punkt P bekannt. Bestimme die Gleichung der Parabel in Normalform.

a) $S(1|1)$ und $P(0|3)$ d) $S(-1|4)$ und $P(2|\frac{7}{4})$

b) $S(-\frac{5}{2}|\frac{9}{4})$ und $P(-1|0)$ e) $S(2|-2)$ und $P(-2|2)$

c) $S(1|2)$ und $P(2|0)$ f) $S(3|-2)$ und $P(1|2)$

3. Andere Funktionen

3.1 Funktionen der Art: $f_{(x)} = \frac{1}{a*x^n} + b$

Vor allem in der Chemie oder Biologie finden Funktionen der Art:

$$f_{(x)} = \frac{1}{a * x^n} + b$$

Formel 13 Hyperbel

großen Anklang, da man mit ihnen Zerfalls- oder Wachstumsvorgänge sehr schön darstellen kann. In der Mathematik werden solche Funktionen Hyperbeln genannt. Die Funktionen gehen in der Normalform (vgl.: Formel 13, mit a = 1, n = 1 und b =0) durch die Folgenden Punkte (1/1) und (-1/-1).

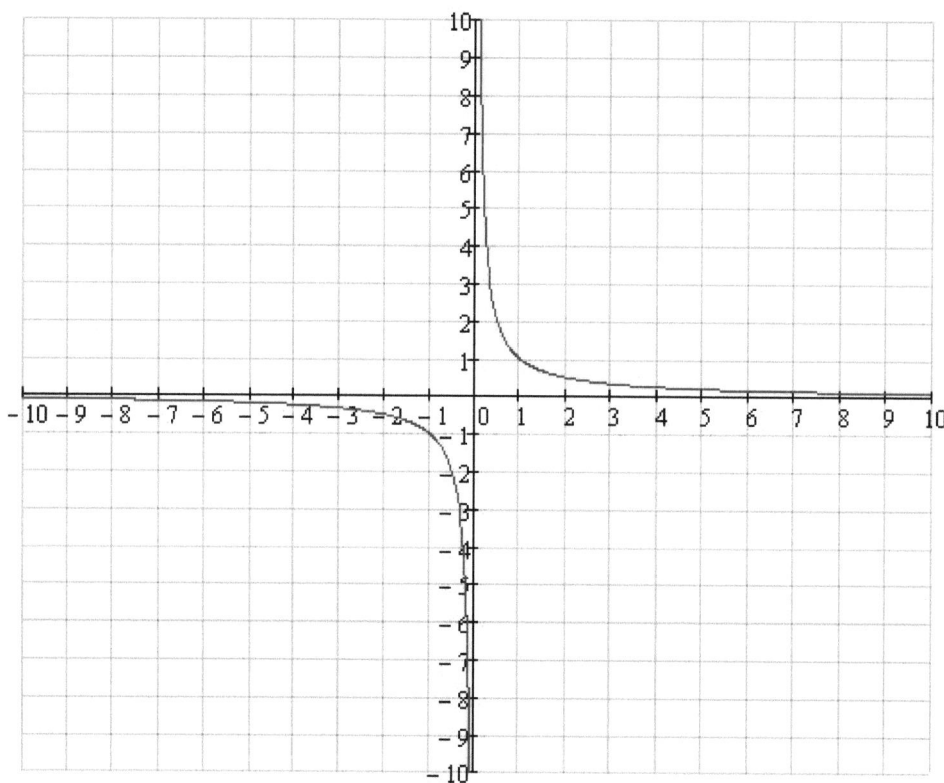

Abbildung 8 Hyperbel

Die Variablen bewirken bei der Funktion folgendes:

a: für: $0 < a < \infty$: die Funktion verläuft nur im 1. und 3. Quadranten   (vgl. Abbildung 7) und schmiegt sich näher an die y – und x – Achse an

$-\infty < a < 0$: die Funktion verläuft nur im 2. und 4. Quadranten und schmiegt sich näher an die y – und x – Achse an

b: Die Variable b bewirkt, dass sich die Funktion nach oben ($0 < b < \infty$) verschiebt und für ($-\infty < b < 0$) nach unten.

n: n größer null: n gerade: Hyperbel im 1. und 2. Quadranten

n ungerade: Hyperbel im 1. und 3. Quadranten

n kleiner Null: n gerade: Hyperbel wird zur Parabel

n ungerade: Hyperbel wird zur Fkt. im 1. und 3. Quadrant

3.2 Funktionen der Art: $f_{(x)} = n^x$

Auch solche Funktionen finden in der Biologie, Chemie und Physik großen Anklang. Da es so viel verschiedene Funktionen gibt, möchte ich nur auf die wichtigste von ihnen eingehen: Die e – Funktion (alle anderen werden nur Exponentialfunktionen genannt)

$$f(x) = e^x$$
Formel 14 e- Funktion

Über die Besonderheiten und Eigenschaften dieser Funktion wird im 2. Teil des Skriptes noch näher eingegangen, da es sonst zu starken Verständnisproblemen kommen könnte und die Voraussetzungen noch nicht abgehandelt sind. Der Verlauf der Funktion ist in der nächsten Abbildung trotzdem dargestellt.

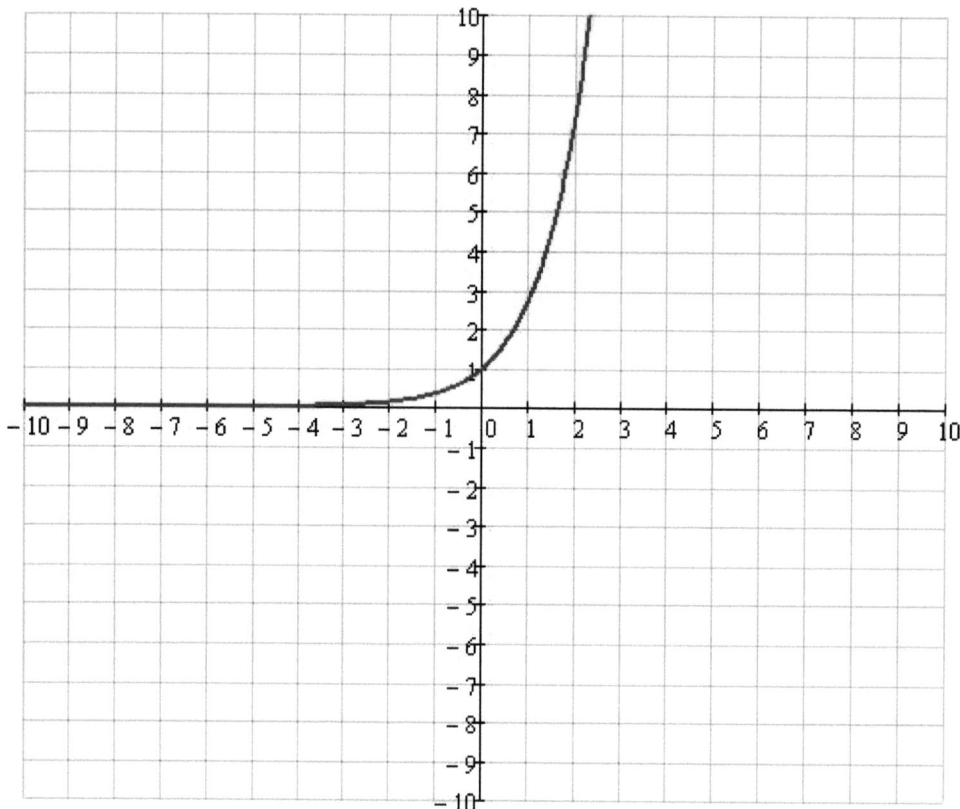

Abbildung 9 e - Funktion

3.3 Aufgabensammlung zu Funktionen der Art x^-n

1. Prüfe, ob der Punkt P auf dem Graphen von $f(x)=x^{-4}$ ($f(x)=x^{-5}$) liegt.
a) P (0,1; 10^3)   b) P (-1; -1)   c) P (-5; $1,6*10^{-3}$)   d) P (-1; 1)   e) P (1; -1)

2. Der Punkt Q liegt auf dem Graphen von $f(x)=x^{-7}$. Ergänze die fehlende Koordinate.
a) Q (3; 0)   b) Q (-3; __)   c) Q (__; 0,0078125)   d) Q (__ ; 128)

3. Zu welchem Punkt ist der Graph symmetrisch?
a) $f(x)=x^{-13}+7$ b) $f(x)=x^{-7}-5$ c) $f(x)=10x^{-19}$
d) $f(x)=(x+7)^{-11}$ e) $f(x)=(x-4)^{-29}+8$ f) $f(x)=32(x^{-5}-9)+7$

4. Zu welcher Geraden ist der Graph von f symmetrisch?
a) $f(x)=x^{-8}+5$ b) $f(x)=x^{-18}-12$ c) $f(x)=7,5x^{-22}$
d) $f(x)=(x+69)^{-10}$ e) $f(x)=(x-40)^{-34}+11$ f) $f(x)=5(x^{-16}-5)+4$

5. Beschreibe die Symmetrie des Graphen und die Monotonie von f.
a) $f(x)=x^{-6}+11$ b) $f(x)=x^{-7}-4$ c) $f(x)=2x^{-6}$
d) $f(x)=(x+7)^{-1}$ e) $f(x)=(x-40)^{-2}+8$ f) $f(x)=3(x-5)^{-5}+1$
g) $f(x)=-7x^{-28}$ h) $f(x)=-8(x-11)^{-13}+9$ i) $f(x)=-2(x-3)^{-10}+6$

6. Zeichnen Sie die Funktion 1/x^n für -5 < n < 5. Was fällt ihnen auf?

4 Potenzen, Wurzeln und Logarithmen

4.1 Potenzen mit ganzzahligen Exponenten

4.1.1 Begriffserklärung

Definition:

$$b = \underbrace{a * a * a \ldots\ldots\ldots * a}_{\text{n Faktoren a}} = a^n \quad a \in R \quad n \in N \backslash \{0\}$$

Formel 15 Definition der Potenz

Unter der Potenz **aⁿ** versteht man das Produkt von **n** gleichen Faktoren a. Daraus lässt sich ableiten, dass

$$b = a^n$$

Formel 16 Potenz

ist. Die einzelnen Elemente werden wie folgt benannt / bezeichnet:

b bzw. aⁿ: Potenzwert oder n-te Potenz

a: Basis oder Grundzahl

n: Exponent oder Hochzahl

Einige Regeln:

$$a^1 = a$$

$$0^n = 0 \;\&\; 1^n = 1$$

Alle Potenzen von _negativen Zahlen_ mit _geradem Exponenten_ (Vielfache von 2) sind _positiv_, ist der _Exponent ungerade_, so wird die Potenz einer _negativen Zahl negativ_ bleiben.

$$(-a)^{2n} = a^{2n}$$

$$(-a)^{2n+1} = -a^{2n+1}$$

Spezialfälle sind diese

$$(-1)^{2n} = +1$$

$$(-1)^{2n+1} = -1$$

Wichtig!

$$a^n \neq n^a$$

4.1.2 Potenzgesetze

Potenzen lassen sich nur addieren bzw. subtrahieren, wenn ihre Basis, wie auch der Exponent übereinstimmt.

$$(a + b)^n \neq a^n + b^n$$

Potenzen mit gleicher Basis können miteinander multipliziert werden, wenn man die Basis mit der Summe ihrer Exponenten potenziert

$$a^n * a^m = a^{m+n}$$

analog gilt bei der Division

$$\frac{a^n}{a^m} = a^{n-m}$$

Eine Potenz kann potenziert werden, wenn man die Basis mit dem Produkt der Exponenten potenziert

$$(a^n)^m = a^{m*n}$$

Potenzen mit gleichem Exponenten können potenziert werden, indem man das Produkt der Basen potenziert

$$a^n * b^n = (a * b)^n$$

analog gilt für die Division:

$$\frac{a^n}{b^n} = \left(\frac{a}{b}\right)^n$$

einige Sonderfälle:

$$\frac{a^{-n}}{b^{-n}} = \frac{b^n}{a^n} = \left(\frac{b}{a}\right)^n$$

4.2 Potenzen mit gebrochenen Exponenten

4.2.1 Die Umkehrung der Potenzrechnung

Wenn man die Rechnung $a + b = c$ nur einen der beiden Summanden kennt, so kann man die Gleichung immer noch nach dem unbekannten Summanden umstellen:

$$a = c - b$$
$$b = c - a$$

Auch bei der Multiplikation ist dies möglich. Betrachten wir die Gleichung $a * b = c$ so ergibt sich durch Umstellen:

$$a = \frac{c}{b}$$

$$b = \frac{c}{a}$$

Somit kann gesagt werden, dass die Addition / Subtraktion und die Multiplikation / Division jeweils nur eine Umkehrrechenart besitzen. Betrachten wir jedoch nun die Gleichung:

$$a^n = b$$

so ergibt es sich, dass es hierfür 2 Umkehrrechenarten gibt, um a zu berechnen:

Wurzelrechnung: $\qquad\qquad a = \sqrt[n]{b}$

Logarithmenrechnung: $\qquad\quad n = \log_a b$

4.2.2 Grundbegriffe der Wurzelrechnung

Wenn aus der Gleichung

$$a^n = b$$

mit bekanntem Exponenten n und dem bekannten Potenzwert b die Basis a ermittelt werden soll, dann müssen wir uns der Wurzelrechnung bedienen.

$$a = \sqrt[n]{b}$$

Formel 17 Radizieren

die Elemente in Gleichung   werden wie folgt bezeichnet:

a: Radikanten
n: Wurzelexponent
b: Wurzelwert (n-te Wurzel)

Definition:
die n-te Wurzel aus $b \geq 0$ ist diejenige nicht negative Zahl a, deren n-te Potenz den Wert b ergibt.

einige Regeln:

Potenzieren und Radizieren heben sich gegenseitig auf

$$\left(\sqrt[n]{a^n}\right) = \left(\sqrt[n]{a}\right)^n = \sqrt[n]{a^n} = a$$

für ganzzahlige Wurzelexponenten gilt:

$$\left(\sqrt[2m]{a}\right)^{2m} = \sqrt[2m]{a^{2m}} = a \quad \text{für } a \geq 0 \quad \text{und} \quad m \in N\backslash\{0\}$$

4.2.3 Wurzeln und Potenzen mit gebrochenen Exponenten

Aus den vorangegangenen Seiten lässt sich die Regel ableiten bzw. bilden, dass gilt:

$$a^{\frac{m}{n}} = \sqrt[n]{a^m}$$

daraus lassen sich Rechenregeln bilden:

1. Wurzeln lassen sich nur dann addieren bzw. subtrahieren, wenn sie sowohl in ihrem Radikanten als auch in ihrem Wurzelexponenten übereinstimmen.

$$\sqrt[n]{a} + \sqrt[n]{a} = 2 * \sqrt[n]{a}$$

2. Wurzeln mit gleichem Wurzelexponent werden miteinander multipliziert / dividiert, indem man das Produkt / Quotienten der Radikanten mit dem gemeinsamen Wurzelexponenten radiziert.

$$\sqrt[n]{a} * \sqrt[n]{b} = \sqrt[n]{a * b} \quad bzw. \quad \frac{\sqrt[n]{a}}{\sqrt[n]{b}} = \sqrt[n]{\frac{a}{b}}$$

3. Die Wurzel aus einem Produkt /Quotienten ist gleiche dem Produkt / Quotienten aus den Wurzeln der einzelnen Faktoren (von Zähler und Nenner).

$$\sqrt[n]{a} * \sqrt[n]{b} = \sqrt[n]{a * b}$$

4. Eine Wurzel kann potenziert werden, indem man den Radikanden potenziert

$$\left(\sqrt[n]{a}\right)^m = \sqrt[n]{a^m}$$

5. Eine Wurzel wird radiziert, indem die Wurzel mit dem Produkt der Wurzelexponenten gezogen wird.

$$\sqrt[m]{\sqrt[n]{a}} = \sqrt[n]{\sqrt[m]{a}} = \sqrt[m*n]{a}$$

Das Produkt aus einer Summe und einer Differenz zweier Wurzeln ist immer eine natürliche Zahl.

$$\left(\sqrt{a} + \sqrt{b}\right) * \left(\sqrt{a} - \sqrt{b}\right) = \left(\sqrt{a}\right)^2 - \left(\sqrt{b}\right)^2 = a - b$$

4.2.4 Das Rechnen mit Wurzeln

In diesem Punkt werden alle Regeln angewandt, um schwierige Ausdrücke zu vereinfachen.

Es soll der Ausdruck $\sqrt[3]{\dfrac{\sqrt{x}}{\sqrt[5]{x}}}$ soll vereinfacht werden.

$$\sqrt[3]{\frac{\sqrt{x}}{\sqrt[5]{x}}} = \left(\frac{x^{\frac{1}{2}}}{x^{\frac{1}{5}}}\right)^{\frac{1}{3}} = x^{\left(\frac{1}{2}-\frac{1}{5}\right)*\frac{1}{3}} = x^{\left(\frac{5}{10}-\frac{2}{10}\right)*\frac{1}{3}} = x^{\frac{3}{10}*\frac{1}{3}} = x^{\frac{1}{10}} = \sqrt[10]{x}$$

Der Ausdruck $\sqrt{80}$ soll vereinfacht werden

$$\sqrt{80} = \sqrt{16 * 5} = \sqrt{4^2 * 5} = 4 * \sqrt{5}$$

Bei dieser Art von Aufgabe ist es sinnvoll, zu schauen, dass unter der Wurzel eine quadratische Zahl steht, welchem dann durch einfache Rechenoperationen verschwindet.

Taschenrechner Potenzen und Wurzeln

Um Potenzen und Wurzeln in den Taschenrechner einzugeben, benutzt man die Tasten

 Will man eine bestimme Wurzel, so muss man gemäß der Farbe zuvor die

Taste betätigt werden.

4.2.5 Potenzen und Symmetrie

Anhand dieser kleinen Tabelle lassen sich die Potenzen sehr leicht erlernen und auch behalten. Als Beispiel nehmen wir einmal die Potenz $2^{\pm n}$ für -5 < n < 5. Vor allem der Ausdruck 2^0 soll genauer betrachtet werden deswegen separat erläutert.

$$2^4 = 2 * 2 * 2 * 2 = 16$$

$$2^3 = 2 * 2 * 2 = 8$$

$$2^2 = 2 * 2 = 4$$

$$2^1 = 2 * 1 = 2$$

$$2^{-1} = \frac{1}{2 * 1} = \frac{1}{2^1} = \frac{1}{2}$$

$$2^{-2} = \frac{1}{2 * 2} = \frac{1}{2^2} = \frac{1}{4}$$

$$2^{-3} = \frac{1}{2 * 2 * 2} = \frac{1}{2^3} = \frac{1}{8}$$

$$2^{-4} = \frac{1}{2 * 2 * 2 * 2} = \frac{1}{2^4} = \frac{1}{16}$$

Der Spezialfall $2^0 = 1$ erklärt am Beispiel der Potenzgesetze:

Die Begründung dafür, dass $2^0 = 1$ ist, liegt darin, dass für jede Zahl n immer gilt:

$$2^0 = 2^{(n-n)}$$

und

$$2^{(n-n)} = \frac{2^n}{2^n} = \frac{2^0}{2^0} = 1$$

das ist ohne Frage 1.

4.2.6 Aufgabensammlung Potenzen

Formuliere die negativen Exponenten als Brüche und vereinfache soweit wie möglich

a) 4^{-2} d) $3^{-4} \cdot 3^5$ g) $(-x)^{-6}$ j) $\left(\dfrac{1}{2}\right)^3$ m) $\left(\dfrac{m}{n}\right)^k$

b) 10^{-3} e) $a^3 \cdot a^{-2}$ h) $-u^{-3}$ k) $\left(\dfrac{3}{5}\right)^2$ n) $\dfrac{4}{x^2-y^2} \cdot \left(\dfrac{2}{x+y}\right)^2$

c) $5^{-5} \cdot 5^1$ f) $(2x^{-4}):(3x^{-5})$ i) $(-k)^{-2}$ l) $\left(\dfrac{5}{7}\right)^1$ o) $(2a-5b)^{-2} \cdot (8a^2 - 50b^2)$

Formuliere die Brüche als Potenzen mit negativen Exponenten

a) $\dfrac{1}{1000}$ c) $\dfrac{7}{x^3}$ e) $4 + \dfrac{5}{x^n}$ g) $\dfrac{7}{x+y}$ i) $\dfrac{2}{z^2} - \dfrac{1}{z}$

b) $\dfrac{1}{64}$ d) $\dfrac{a}{5^x}$ f) $\dfrac{1}{y} - 6$ h) $\dfrac{5c}{(a+b)^2}$ j) $\dfrac{5}{a^2} - \dfrac{3}{a^4}$

Vereinfache soweit wie möglich

a) $x^2(x^3 + x^4)$ e) $(a^2 + a^3)(a^2 - a^3)$ i) $\dfrac{a^9}{a^5}$ m) $(21b^8 - 28b^4 + 14b^5):7b^3$

b) $y^{2a}(y^{3a+1} - y^{a-4})$ f) $(4y^3 - 6x^7)(4y^3 + 6x^7)$ j) $\dfrac{k^{23}}{k^{17}}$ n) $(4z^{a+3} + 16z^{2a+5} - 12z^{a+4}):2z^a$

c) $(x^2 + y^3)^2$ g) $(2a^5 + 3b^3)(2a^3 - 2b^4)$ k) $\dfrac{k^{2m}}{k^3}$ o) $\dfrac{15x^5 b^8}{35a^7 b^2} \cdot \dfrac{21x^3 y^4}{9x^2 a^3 b^{10}}$

d) $(3m^2 + 5m^7)^2$ h) $(4a^2b^3 - b^5) \cdot (2ab + b^2)^{-1}$ l) $\dfrac{m^{4b}}{m^{2b+7}}$ p) $\dfrac{r^3s^2 + 2r^4s^4 + r^5s^6}{r^3s^3 + r^4s^5} : \dfrac{r^2s - r^3s^3}{r^2s^2 - 2r^3s^4 + r^4s^6}$

Formuliere die Wurzeln als Potenzen und vereinfache soweit wie möglich.

a) $\sqrt{x}$ d) $\sqrt[7]{a^3}$ g) $\sqrt[3]{x} \cdot \sqrt{x}$ j) $\sqrt[7]{5^5} : \sqrt[3]{5^2}$ m) $\sqrt{\sqrt[4]{x}}$ p) $\sqrt{\sqrt[3]{16} \cdot \sqrt[9]{64}}$

b) $\sqrt[4]{k}$ e) $\dfrac{1}{\sqrt[3]{x}}$ h) $\sqrt[3]{x^4} \cdot \sqrt[4]{x^5}$ k) $\sqrt[5]{y^3} : \sqrt[4]{y^5}$ n) $\sqrt[5]{\sqrt[4]{y}}$ q) $\sqrt{a + 2\sqrt{ax} + x}$

c) $\sqrt[5]{x^4}$ f) $\dfrac{1}{\sqrt[5]{x^2}}$ i) $\sqrt{a} : \sqrt[3]{a}$ l) $\sqrt[9]{m} \cdot \sqrt[9]{n}$ o) $\sqrt{\sqrt{625}}$ r) $\sqrt[3n]{(a-4b)^3 \cdot (a + 4\sqrt{ab} + 4b)^3}$

Vereinfache soweit wie möglich und gib jeweils die benutzte Regel oder Definition an.

a) $\left(\sqrt[4]{16}\right)^3$ d) $\dfrac{x^{\frac{7}{9}} \cdot x^{\frac{2}{18}}}{x^{\frac{3}{9}} \cdot x^{\frac{5}{9}}}$ g) $\left(\sqrt[4]{a^8 b^0 c^4}\right)^2$ j) $12b^2c \cdot \sqrt{\dfrac{5a}{24b^2c}} \cdot \sqrt{30ac}$

b) $\sqrt[3]{a^2 b} \cdot \sqrt[3]{b^2 a}$ e) $\dfrac{x^{\frac{2}{3}}}{\sqrt[3]{x}} \cdot \dfrac{3x^{\frac{5}{3}}}{x \cdot \sqrt[3]{x}}$ h) $\sqrt{\sqrt{x} - \sqrt{y}} \cdot \sqrt{\sqrt{x} + \sqrt{y}}$ k) $\sqrt{2v^2 - v\sqrt{6v^2 - \left(v\sqrt{2}\right)^2}}$

c) $\sqrt[5]{\sqrt[2]{32}}$ f) $\sqrt[3]{\dfrac{x^8}{y^7}} \cdot \sqrt[3]{\dfrac{x}{y^5}}$ i) $\dfrac{\dfrac{1}{x} - \dfrac{1}{y}}{\dfrac{1}{\sqrt{x}} - \dfrac{1}{\sqrt{y}}}$ l) $(u-v) \cdot \sqrt{1 + \dfrac{4uv}{(u-v)^2}}$

4.3 Logarithmen

4.3.1 Begriffserklärung

In Abschnitt 3.2.1 wurde schon ausführlich darauf eingegangen, dass die Potenzrechnung 2 Umkehrrechenarten besitzt. Eine davon haben wir schon behandelt und nun wollen wir uns die 2., die Logarithmen, einmal genauer anschauen. (Gellrich, 2006)
Definition:

Der Logarithmus einer positiven Zahl b zur Basis a, ist derjenige Exponent n, mit dem die Basis a zu potenzieren ist, um b zu erhalten.

$$n = log_a b \quad \longleftrightarrow \quad a = \sqrt[n]{b}$$

Formel 18 Logarithmus

Die Elemente werden wie Folgt bezeichnet:

a: Basiszahl
b: Numerus
n: Logarithmus

Aus der Gleichwertigkeit von Formel 16 ergibt sich die Folgende Beziehung zwischen a, b und n:

$$a^{log_a b} = log_a(a^b) = b$$

Denn: Die Rechenoperationen logarithmieren und potenzieren mit gleicher Basis heben sich gegenseitig auf. Diese Operation wird zum Beispiel benutzt, um zu kontrollieren, ob ein Logarithmus richtig bestimmt worden ist.

2 Weitere wichtige Logarithmen sind auch:

$$log_a a = 1 \quad und \quad log_a 1 = 0$$

4.3.2 Rechnen mit Logarithmen

Der Logarithmus eines Produkts ist gleich der Summe der Logarithmen der beiden Faktoren

$$log_a(x * y) = log_a x + log_a y$$

$$log_a(x * y \dots n) = log_a x + log_a y \dots + log_a n$$

Der Logarithmus eines Quotienten ist gleich der Differenz der Logarithmen von Zähler und Nenner

$$log_a \left(\frac{x}{y}\right) = log_a x - log_a y$$

Der Logarithmus einer Potenz ist gleich dem Produkt aus dem Exponenten und dem Logarithmus der Basis

$$log_a(x^n) = n * log_a x$$

Der Logarithmus einer Wurzel ist gleich dem Quotienten aus dem Logarithmus des Radikanten und dem Wurzelexponenten

$$log_a \sqrt[n]{x} = \frac{1}{n} log_a x$$

Wichtig:

$$log_a(u + v) \neq log_a u + log_a v$$

4.3.3 Logarithmensysteme

Dekadischer Logarithmus (Basis 10): $log_{10} x = \lg x$

Natürlicher Logarithmus (Basis e): $log_e x = \ln x$

Binärer Logarithmus (Basis 2): $log_2 x = lb\ x$

Taschenrechner Logarithmen

Der Taschenrechner fx 85 ES kann alle Logarithmen berechnen. Hierzu gib es folgende Tasten:

Logarithmus Basis 10

Logarithmus Basis 2   (*wobei hier an der tiefgestellten Position eine 2 eingegeben werden muss*)

Logarithmus Basis e

4.3.4 Aufgabensammlung zu Logarithmen

Vereinfache und berechne soweit wie möglich:

a) $\log_2 a - \log_2 b$

d) $(\log_a a^2)^{-3} + (\log_a 1)^3$

g) $\log_a x^2 + \log_a \dfrac{1}{x^2}$

b) $\log (x + y) - \log x$

e) $\dfrac{1}{2} \log 4 + 3 \cdot \log 6 - 2 \cdot \log (3 \cdot 2^2)$

h) $-\dfrac{1}{3} \log (x^2 y^{-2} z) + \dfrac{1}{3} \log (x^{-1} yz)$

c) $\log_a \dfrac{b}{c} + \log_a b$

f) $2 \cdot \log x + \dfrac{1}{2} \log x^4 - \log x^2$

i) $\log_t \sqrt{a} + \log_t \sqrt{(ab)^{-1}} + \dfrac{1}{2} \cdot \log_t b$

Verwandle folgende Potenzgleichungen in Logarithmengleichungen:

a) $2^6 = 64$

c) $4^4 = 256$

e) $8^1 = 8$

g) $10^{-3} = 0.001$

i) $36^{0.5} = 6$

b) $3^3 = 27$

d) $9^0 = 1$

f) $3^{-1} = \dfrac{1}{3}$

h) $2^{-5} = \dfrac{1}{32}$

j) $243^{0.2} = 3$

Verwandle folgende Logarithmengleichungen in Potenzgleichungen

a) $\log_3 81 = 4$

c) $\log_6 36 = 2$

e) $\log_8 1 = 0$

g) $\log_3 9 = 2$

i) $\log_9 3 = 0.5$

b) $\log_4 64 = 3$

d) $\log_2 64 = 6$

f) $\log_5 5 = 1$

h) $\log_7 49 = 2$

j) $\log_{64} 2 = \dfrac{1}{6}$

Berechne die folgenden Logarithmen und mache die Probe

a) $\log_2 16$

c) $\log_{10} 10000$

e) $\log_{10} 0.001$

g) $\log_2 0.5$

i) $\log_3 \dfrac{1}{27}$

b) $\log_3 27$

d) $\log_{10} 0.1$

f) $\log_5 0.2$

h) $\log_2 0.125$

j) $\log_2 \dfrac{1}{256}$

5. Trigonometrie

5.1 Winkelmessungen

Winkel werden der Tradition nach in Grad angegeben. Der Vollwinkel ist dabei in 360° unterteilt, wobei gilt, dass:

$$1° = 60' \qquad\qquad 1' = 60''$$

$$1' = \frac{1°}{60} = 0,016° \qquad\qquad 1'' = \frac{1°}{3600} = 0,00027°$$

wobei 1' = 1 Winkelminute ist und 1'' eine Winkelsekunde

89,59° sind demnach: 89° 30' 0''

Mit dem Taschenrechner 89,59 eingeben und anschließend die Taste  drücken und

anschließend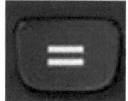

5.2 Sinus und Kosinus im Einheitskreis

Wir stellen uns einen Kreis vor, in dem ein Zeiger r mit der Länge 1, um einen Winkel α ausgelenkt wird. Lenkt man nun diesen Zeiger aus und dreht ihn gegen den Uhrzeigersinn (im mathematisch positiven Sinn), so ergeben sich, wie in Abbildung 10 dargestellt, folgende zusammenhänge:

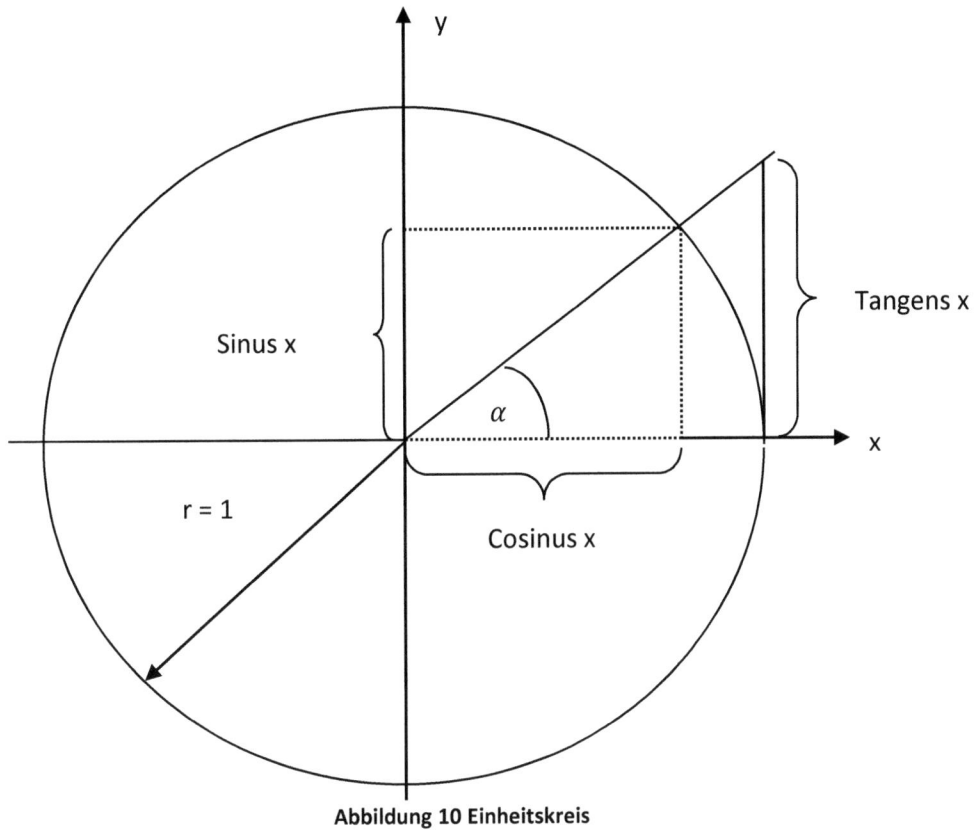

Abbildung 10 Einheitskreis

Tragen wir nun die Länge der Projektionen des Sinus und Kosinus über dem Winkel (als Vielfache von π) auf, so erhalten wir folgendes Diagramm:

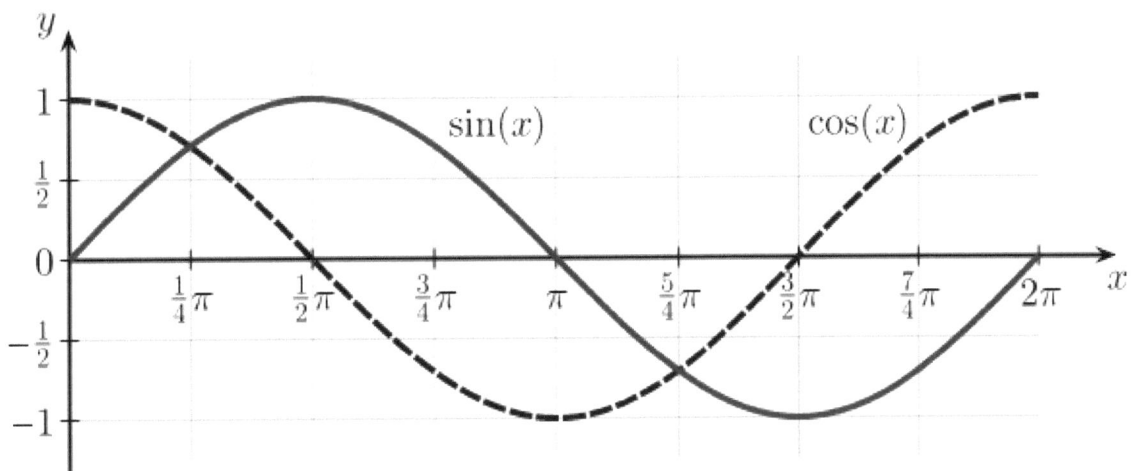

Abbildung 11 Sinus und Kosinus im Bereich von 0° bis 360°

Somit ergibt sich für ein Rechtwinkliges beliebiges Dreieck folgender Zusammenhang:

$$\gamma = 90°$$

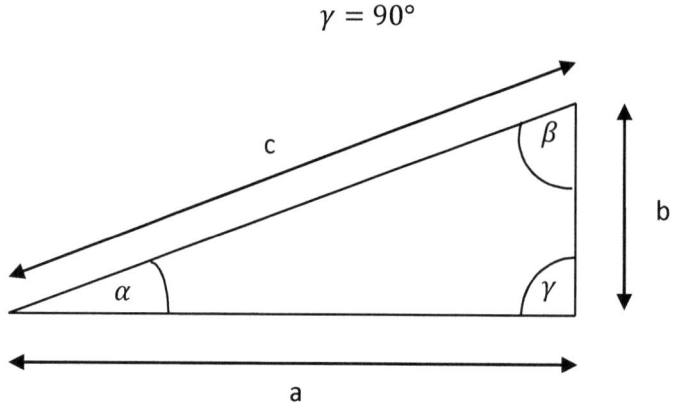

daraus ergeben sich die folgenden Beziehungen:

$$\tan(\alpha) = \frac{b}{a} \qquad\qquad \sin(\alpha) = \frac{b}{c}$$

$$\cos(\alpha) = \frac{a}{c} \qquad\qquad \cot(\alpha) = \frac{a}{b}$$

Außerdem gibt es darüber hinaus noch andere Beziehungen, die auch weit über das rechtwinklige Dreieck hinaus gültig sind:

$$\sin(\alpha) = \cos(90° - \alpha) \qquad\qquad \cos(\alpha) = \sin(\alpha - 90°)$$

$$\tan(\alpha) = \cot(\alpha - 90°) \qquad\qquad \cot(\alpha) = \tan(\alpha - 90°)$$

$$\sin^2(\alpha) + \cos^2(\alpha) = 1$$

$$\tan(\alpha) = \frac{1}{\cot(\alpha)} \qquad \tan(\alpha) * \cot(\alpha) = 1$$

5.3 Eigenschaften der Sinus und Kosinusfunktion

Allgemein lässt sich eine Trigonometrische Funktion wie folgt darstellen:

$$f_{(x)} = a * \sin\left(\frac{2\pi}{T} * x + \varphi\right) + d$$

oder

$$f_{(x)} = a * \sin(b * x + c) + d$$

a	=	Amplitude	(maximaler Abstand zur x – Achse)
b	=	Periode	(Länge für eine Schwingung in π)
T	=	Periodendauer	(in Vielfache von π)
φ & c	=	Nullphasenwinkel	(Verschiebung in x – Richtung)
d	=	Nullphase	(Verschiebung in y – Richtung)

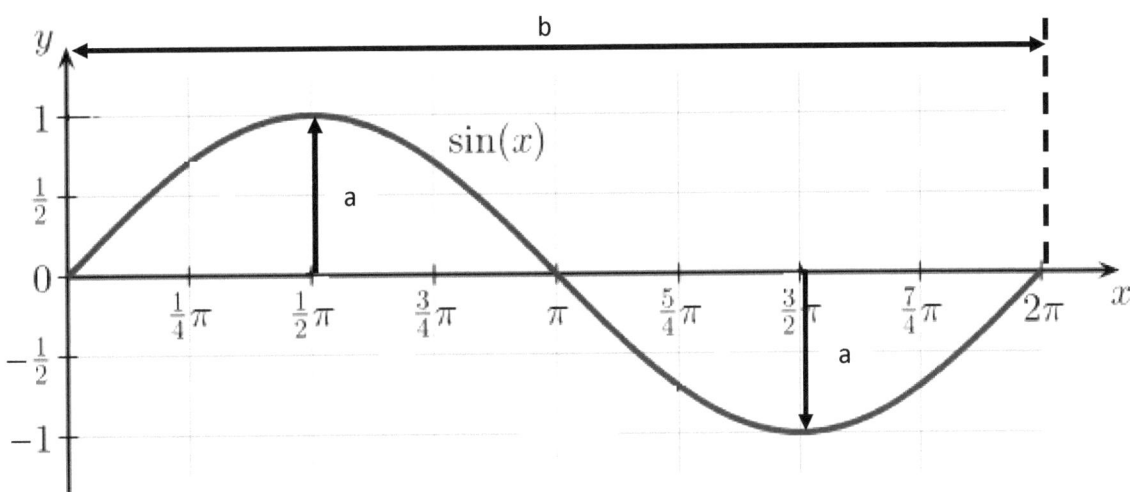

Abbildung 12 Sinusfunktion mit allen Parametern

Der Nullphasenwinkel lässt sich leicht an einer Sinus und Kosinusfunktion verdeutlichen. Der Kosinus lässt sich als eine Sinusfunktion, die um $\frac{\pi}{2}$ nach links verschoben ist:

$$\cos(x) = \sin\left(x + \frac{\pi}{2}\right)$$

Analog der Sinus

$$\sin(x) = \cos\left(x - \frac{\pi}{2}\right)$$

5.4 Pythagoras

Der Satz des Pythagoras sag aus, dass die Quadrate der beiden Flächen an den Katheten gleich dem Flächeninhalt der Hypotenuse ist oder als Formel aufgeschrieben:

$$a^2 + b^2 = c^2$$

Formel 19 Pythagoras

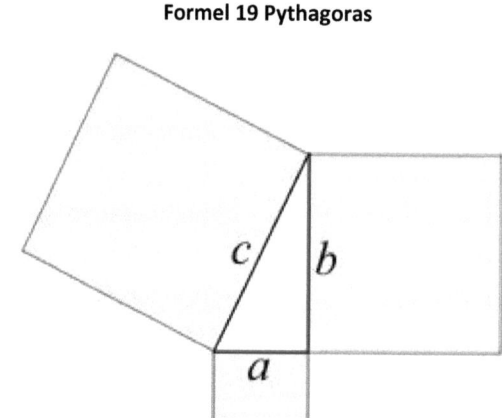

Abbildung 13 Pythagoras

Mit dieser Formel lässt sich nun im rechtwinkligen Dreieck jede Seite berechnen, wenn nur ein Winkel und eine Seite gegeben sind.

Wichtig ist auch, dass Dreiecke, mit dem Seitenverhältnis: 3:4:5 immer rechtwinklig sind:

$$5^2 = 3^2 + 4^2$$
$$25 = 9 + 16$$
$$25 = 25$$

wie man sieht, ist diese Behauptung wahr (wahre Aussage).

5.5 Aufgabensammlung Trigonometrie

Eine gerade Pyramide mit quadratischer Grundfläche hat eine Grundkante $a = 5$ cm und eine Körperhöhe $h_k = 6$ cm.

a) Berechne die Höhe h_s einer Seitenfläche.

b) Berechne die Länge s einer Seitenkante.

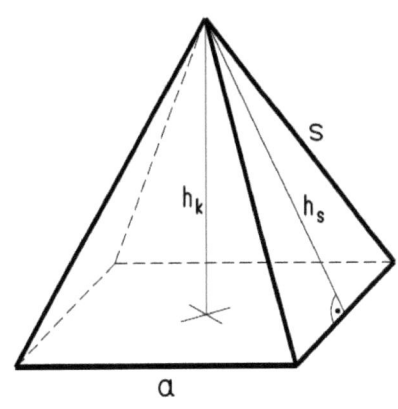

Eine Grundstücksfläche besteht aus einem gleichschenkligem Trapez und einem rechtwinkligen Dreieck (siehe nebenstehende Zeichnung).

Berechne den Flächeninhalt des gesamten Grundstücks.

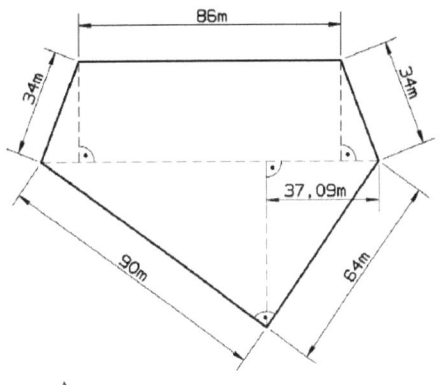

Berechne Umfang und Flächeninhalt des schraffierten Dreiecks, wenn das Rechteck 9 cm lang und 6 cm breit ist. Die Ecken B und C des Dreiecks liegen in den Seitenmitten des Rechtecks.

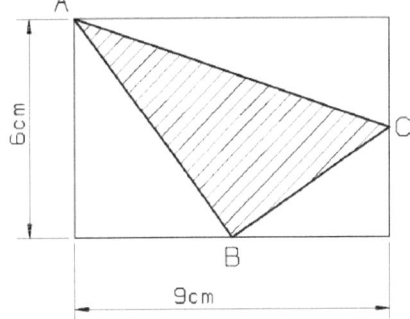

Aus einem Baumstamm soll in einem Sägewerk ein Balken mit quadratischem Querschnitt (Kantenlänge 14 cm) hergestellt werden.
Welchen Durchmesser muß der Baumstamm mindestens haben?

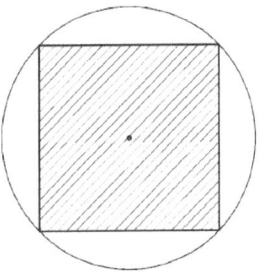

Welchen Durchmesser muß ein Baumstamm mindestens haben, um daraus einen Balken mit einem Querschnitt von 16 cm · 26 cm sägen zu können?

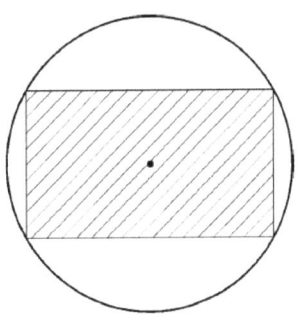

5.5 Goniometrische Gleichungen

5.5.1 Begriffserklärung

Eine Goniometrische Gleichung ist eine Gleichung, in der mindestens ein Element der trigonometrischen Funktionen vorkommt.

Beispiele: $\quad \sin(2x) + x = 1$

$\qquad\qquad \sin(x) + \tan(x) - \cos(x) - 2 = 0$

5.5.2 Lösen von Goniometrischen Gleichungen

Rein goniometrische Gleichungen lassen sich stets auf die algebraische Form $F_{n\,(x)} = 0$ bringen und berechnen, wenn man Folgende Schritte einhält:

1. Die Gleichungen so umformen, dass alle in ihr auftauchenden trigonometrischen Glieder dasselbe Argument haben

2. Man formt so um, dass in der Gleichung nur noch eine trigonometrische Funktion vorkommt.

3. Man substituiert die übrigen Glieder um und erhält eine algebraische Gleichung.

6. Folgen und Reihen

6.1 Zahlenfolgen

6.1.1 Der Begriff der Zahlenfolge

Werden Elemente einer Zahlenmenge in einer ganz bestimmten Reihenfolge angeordnet, dann spricht man von einer Zahlenfolge. Bei einer Folge ist also genau festgelegt, welches Element der gegebenen das 1., 2., 3., ... n. – te Glied der Zahlenfolge ist.

Häufig stellt man Zahlenfolgen in der Weise dar, dass man die einzelnen Elemente der Reihe nach aufschreibt:

$$\{a_k\} = a_1, a_2, a_3, ..., a_{k-1}, a_k$$

Formel 20 Zahlenfolge allgemein

Die Elemente einer Zahlenfolge werden Glieder der Folge genannt.

a_1:   erstes Glied der Folge

a_k: allgemeines Glied

Nach den allgemeinen Regeln der Mathematik lassen sich die Reihen aus der Bildungsvorschrift der Reihe nach entwickeln:

$$a_k = f_{(k)}$$

für die vorgegebenen Werte von k berechnen.

6.1.2 Eigenschaften von Zahlenfolgen

Der allgemeine Aufbau des Bildungsgesetzes für die Glieder einer Zahlenfolge

$$a_k = f_{(k)}$$

stellt eine Funktionsgleichung dar. Während bei der Gleichung $y = f_{(x)}$ der Definitionsbereich für x eine Teilmenge der reellen Zahlen ist, so ist es bei der Variablen k, eine Teilmenge aus den natürlichen Zahlen.

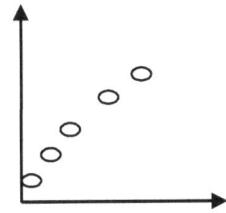

dadurch entsteht bei einem eintragen in ein Koordinatensystem keine (wie schon in Skript 1 bekannte) „Linie", sondern eine Ansammlung von Punkten.

Monotonie: Eine Zahlenfolge $\{a_k\}$ heißt monoton wachsend, wenn für alle $k \in DB_k$ gilt

$$a_k \leq a_{k+1}$$

sie heißt monoton fallend, wenn für alle $k \in DB_k$ gilt

$$a_k \geq a_{k+1}$$

Gilt für kein $k \in DB_k$ das Gleichheitszeichen in den beiden angegebenen Ungleichungen, dann wir die Folge streng monoton fallend bzw. steigend genannt.

Beschränktheit: Eine Zahlenfolge $\{a_k\}$ heißt beschränkt, wenn es zwei reelle Zahlen A und b gibt, so dass für alle $k \in DB_k$ gilt

$$A \leq a_k \leq B$$

Existiert nur A, dann heißt die Folge nach unten beschränkt, existiert nur B, dann heißt die Folge nach oben beschränkt.

Die kleinste obere Schranke heißt: Supremum (obere Grenze)
Die kleinste untere Schranke heißt: Infimum (untere Grenze)

Konvergenz & Divergenz: Unter einer ε-Umgebung einer reellen Zahl g versteht man das beidseitig offene Intervall $(g - \varepsilon; g + \varepsilon)$.

Liegen fast alle Glieder einer beliebigen Zahlenfolge in einer ε-Umgebung von g, so heißt g Grenzwert der Zahlenfolge.

Eine Zahlenfolge $\{a_k\}$ besitzt den Grenzwert g, wenn man für jedes beliebige vorgegebene $\varepsilon > 0$ einen Index $k_{(\varepsilon)}$ angegeben kann, so dass gilt

$$|a_k - g| < \varepsilon \qquad \text{für alle } k \geq k_{(\varepsilon)}$$

man schreibt dann

$$\lim_{k \to \infty} a_k = g$$

Formel 21 Grenzwert

Unendliche Folgen, die einen Grenzwert haben, heißen konvergent, haben sie keinen Grenzwert, so heißen sie divergent

6.2 Zahlenreihen

6.2.1 Der Begriff der Zahlenreihe

Addiert man die Glieder einer Zahlenfolge

$$\{a_k\} = a_1, a_2, a_3, \ldots, a_{k-1}, a_k, \ldots, a_n$$

so erhält man eine Zahlenreihe

$$a_1 + a_2 + a_3 + a_4 + \cdots a_k + a_{k+1} + a_n = \sum_{i=1}^{n} a_i$$

Als Summenzeichen $\sum$ wird der griechische Buchstabe Sigma verwendet. i wird als Index bzw. als Summationsindex bezeichnet. Gelesen wird das Zeichen:

$$\sum_{i=1}^{n} a_k$$

„Summe aller a_k von k = 1 bis n"

Ist n eine feste Zahl, mit $n \in \mathbb{N}$, so heißt die Reihe endlich. andernfalls liegt eine unendliche Reihe vor. Man schreibt dann

$$\sum_{i=1}^{\infty} a_i = a_1 + a_2 + a_2 + \cdots a_{\infty}$$

Eine Zahlenreihe heißt streng monoton wachsen bzw. streng monoton fallend, wenn für alle k gilt

$$a_{k+1} > a_k \text{ bzw. } a_{k+1} < a_k$$

6.2.2 Unendliche Reihen

Als Beispiel nehmen wir einmal die Reihe

$$\sum_{i=0}^{\infty} (-1)^k$$

an. Fasst man jeweils zwei Glieder in der Reihe folgenderweise zusammen:
(1-1)+(1-1)+(1-1)+(1-1)+…

so würde die Reihe 0 ergeben.
Fasst man aber die Reihe wie folgt zusammen:

1-(1-1)+(1-1)+(1-1)+(1-1)+…

so würde die Summe 1 entstehen. derartige Ungereimtheiten können nicht nur bei dieser Reihe auftreten, sondern auch bei anderen unendlichen Reihen, die Gesetzte für endliche Reihen anwendet.

Um diese Reihe zu berechnen, muss der Begriff einer unendlichen reihe neu definiert werden. Dazu betrachtet man die Reihe

$$\sum_{k=1}^{\infty} a_k = a_1 + a_2 + a_3 + a_4 + \cdots$$

als die Folge der Partialsummen

$$s_1 = a_1$$
$$s_2 = a_1 + a_2$$
$$\cdots$$
$$s_n = a_1 + a_2 + \cdots + a_n$$

Je größer man n werden lässt, desto mehr Glieder der unendlichen reihe werden aufsummiert. Für $n \to \infty$ definiert man daher

$$\sum_{k=1}^{\infty} a_k = \lim_{n \to \infty} s_n = S$$

Formel 22 Summe der unendlichen Reihe

Eine unendliche reihe heißt konvergent, wenn die Folge der Partialsummen konvergiert. Der Grenzwert der partialsummenfolge heißt dann Summe der unendlichen Reihen, und es gilt

$$\sum_{k=1}^{\infty} a_k = \lim_{n \to \infty} s_n = S$$

Existiert S nicht, so heißt die unendliche Reihe divergent.

6.3 Der binomische Lehrsatz und binomische Reihe

Für den Ausdruck

$$(a + b)^n$$

Formel 23 Binom

können folgende Gesetzmäßigkeiten gebildet werden:

1) $(a + b)^n$ ist eine Summe aus n Summanden
2) Die Summe der Exponenten der Potenzen von a und b ist bei jedem Glied der Summe gleich n
3) Für kleinere Potenzen von $(a + b)^n$ können die Binomialkoeffizienten mithilfe des Pascal'schen Dreiecks[5] berechnet werden.

Der Binomialkoeffizient B_k^n des k − ten Gliedes in der Binomischen Formel für $(a + b)^n$ lautet:

$$B_k^n = \frac{n * (n - 1) * (n - 2) * \ldots * (n - [k - 1])}{1 * 2 * 3 * \ldots * (k - 1) * k}$$

Formel 24 Binomialkoeffizient

Beispiel:
Es sollen die Koeffizienten von B_1^6 bis B_6^6 für das Binom $(a + b)^6$ direkt mit der Formel 5 berechnet werden.

$B_1^6 = \frac{6}{1} = 6$ $\qquad$ $B_4^6 = \frac{6*5*4*3}{1*2*3*4} = 15$ $\qquad$ $B_0^6 = 1$

$B_2^6 = \frac{6*5}{1*2} = 15$ $\qquad$ $B_5^6 = \frac{6*5*4*3*2}{1*2*3*4*5} = 6$

$B_3^6 = \frac{6*5*4}{1*2*3} = 20$ $\qquad$ $B_6^6 = \frac{6*5*4*3*2*1}{1*2*3*4*5*6} = 1$

Somit ergibt sich für die Koeffizienten:

$$1 * a^6 + 6 * a^5 * b^1 + 15 * a^4 * b^2 + 20a^3b^3 + 15 * a^2 * b^4 + 6 * a^1 * b^5 + 1 * b^6$$

---

[5] http://de.wikipedia.org/wiki/Pascalsches_Dreieck

6.4 Die EULERsche Zahl

Gerade in der höheren Mathematik spielt die Zahl e eine sehr große Rolle. Sie tritt als Basis für den natürlichen Logarithmus, für Wachstums- und Zerfallsfunktionen auf und lässt sich mit Hilfe der Funktion eindeutig definieren.

Die Zahl e ist eine transzendente Zahl, die Durch den Grenzwert der unendlichen Zahlenfolge

$$\{a_n\} = \left\{ \left(1 + \frac{1}{n}\right)^n \right\}$$

mit n = 1,2,3,... definiert ist.

$$e = \lim_{n \to \infty} \left(1 + \frac{1}{n}\right)^n$$

Die ersten 15 Stellen dieser Folge lauten:

$$e = \lim_{n \to \infty} \left(1 + \frac{1}{n}\right)^n = 2{,}71828182845905 \ldots$$

Formel 25 Eulersche Zahl

7. Ergänzung zum Funktionsbegriff

7.1 Klassifikationen von Funktionen mit einer unabhängigen Variablen

7.1.1 Rationale und irrationale Funktionen

Zu den rationalen Funktionen gehören:

- lineare und quadratische Funktionen
- Funktionen vom Typ $x^{\pm n}$
- Funktionen vom Typ $\frac{6x}{x+1}$

zu den irrationalen Funktionen gehören

- Funktionen vom Typ $x^{\pm n}$ $(n \notin \mathbb{G})$
- trigonometrische Funktionen und deren Umkehrfunktionen
- Exponentialfunktionen und deren Umkehrfunktionen
- Hyperbelfunktionen und deren Umkehrfunktionen
- zusammengesetzte Funktionen (sofern eine Teil davon irrational ist)

allgemein lässt sich eine rationale Funktion wie folgt darstellen:

$$y = \sum_{i=0}^{n} a_i x^i = a_0 x^0 + a_1 x^1 + a_2 x^2 + \cdots + a_{n-1} x^{n-1} + a_n x^n$$

Formel 26 allgemeine Darstellung einer rationale Funktion

$$y = \frac{\sum_{i=0}^{n} a_i x^i}{\sum_{i=0}^{m} b_i x^i} = \frac{a_0 x^0 + a_1 x^1 + a_2 x^2 + \cdots + a_{n-1} x^{n-1} + a_n x^n}{b_0 x^0 + b_1 x^1 + b_2 x^2 + \cdots + b_{n-1} x^{m-1} + b_n x^m}$$

Formel 27 allgemeine Darstellung einer gebrochen rationalen Funktion

7.1.2 algebraische und transzendente Funktion

Übersicht über die verschiedenen Arten von Funktionen

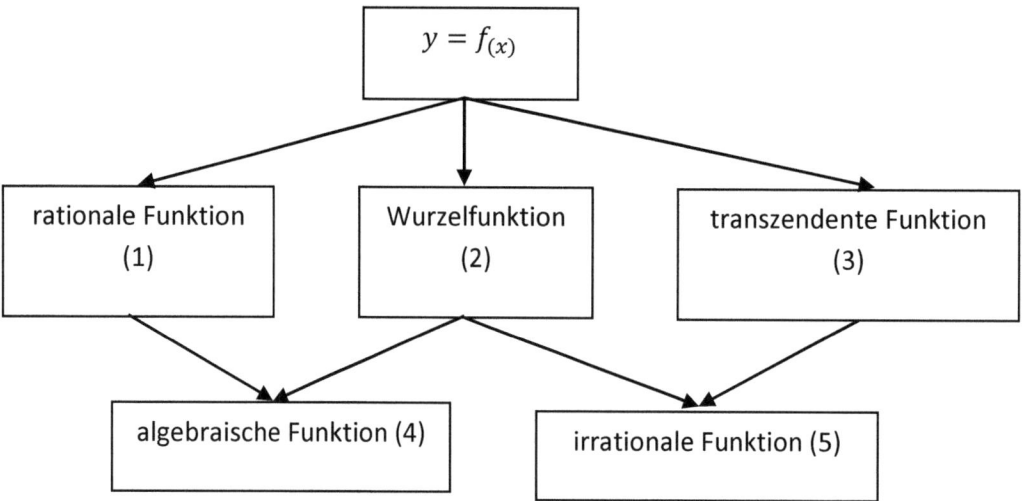

Beispielfunktionen:

zu (1): $\qquad f_{(x)} = \dfrac{x-1}{x+1}$

zu (2): $\qquad f_{(x)} = \sqrt{x}$

zu (3): $\qquad f_{(x)} = e^x$

zu (4): $\qquad f_{(x)} = \sqrt{\dfrac{x-1}{x+1}}$

zu (5): $\qquad f_{(x)} = \sqrt{e^x}$

7.2 Grenzwert und Stetigkeit von Funktionen

7.2.1 Grenzwert einer Funktion

Wählt man in eine Funktion $y = f_{(x)}$ für die unabhängige Variable x eine Zahlenfolge $\{x_n\}$ mit dem Grenzwert a, so durchläuft auch die abhängige Variable y eine Zahlenfolge$\{y_n\}$.

Dieser Zusammenhang kann dazu verwendet werden, eine Funktion an bestimmten Stellen genauer zu untersuchen. Will man beispielsweise Näheres über das Verhalten der Funktion $y = f_{(x)}$ an einer Stelle x_0 wissen, so wählt man eine geeignete Zahlenfolge $\{x_n\}$, die gegen x_0 konvergiert und beobachtet das Verhalten der zugehörigen Zahlenfolge $\{y_n\}$.

Beispiel:

Die Funktion $f_{(x)} = \frac{x^2-1}{x+1}$ soll in der Umgebung der Stelle $x_0 = 2$ untersucht werden.

Lösung:
Da es so viele Möglichkeiten geeigneter Zahlenfolgen gibt, die sich dem Grenzwert 2 annähern, sollen die drei Folgen

(1) $\{x_n\} = \{2 + k\}$ $k \to o$ $k > 0$

(2) $\{x_n\} = \left\{2 - \frac{1}{n}\right\}$ $n \to \infty$ $n > 0$

(3) $\{x_n\} = \left\{2 - \frac{1}{m^2}\right\}$ $m \to \infty$

verwendet werden.

Die Folgen (1) und (3) nähern sich dem Wert 2 von rechts, die Folge (2) von links an.

$$g^+ = \lim_{k \to 0} \frac{(2+k)^2 - 1}{(2+k)+1} = \frac{4 + 2*2*k + k^2 - 1}{2+k+1} = \frac{4+0-1}{2+0+1} = \frac{3}{3} = 1$$

$$g^- = \lim_{n \to \infty} \frac{\left(2 - \frac{1}{n}\right)^2 - 1}{\left(2 - \frac{1}{n}\right)+1} = \frac{4 - 2*2*\frac{1}{n} + \frac{1}{n^2} - 1}{2 - \frac{1}{n}+1} = \frac{4 - 2*2*0 + 0 - 1}{2-0+1} = \frac{3}{3} = 1$$

Man nennt $y_0 = 1$ den Grenzwert der Funktion an der Stelle $x_0 = 2$ und schreibt dafür:

$$\lim_{x \to 2} \frac{x^2 - 1}{x + 1} = 1$$

Formel 28 Grenzwert für x gegen 2

Definition des Grenzwertes:

Eine Funktion $y = f_{(x)}$ besitzt an der Stelle $x_0 \in Definitionsbereich$[6] den Grenzwert g, wenn für jede beliebige Zahlenfolge

$\{x_n\}$ mit $x_n \in Def. Ber$

und

$$\lim_{n \to \infty} x_n = x_0$$

die Folge der dazugehörigen Funktionswerte $\left\{ f_{(x_n)} \right\}$ gegen die reelle Zahl g konvergiere:

$$\lim_{n \to \infty} f_{(x_n)} = g$$

Formel 29 Grenzwert

7.2.2 Stetigkeit von Funktionen

Definition der Stetigkeit

Eine Funktion $y = f_{(x)}$ heißt an der Stelle $x = x_0$ mit $x_0 \in Definitionsbereich$ genau dann stetig, wenn:

    1. Der Grenzwert $f_{(x_0)}$ existiert, d.h., wenn $f_{(x_0)} \in Wertebereich$

    2. Der Grenzwert von $f_{(x)}$ für $x = x_0$ existiert und gleich einer bestimmten Zahl g ist und wenn

    3. $f_{(x_0)} = g$

gilt.

Ist nur eine der 3 Bedingungen nicht erfüllt, dann ist die Funktion an der Stelle x_0 unstetig.

---

[6] Definitionsbereich

Unstetigkeit oder Definitionslücke:

Betrachtet man die Funktion $f_{(x)} = \frac{x^2-1}{x+1}$ an der Stelle -1, so ergibt sich der Ausdruck $f_{(-1)} = \frac{1-1}{-1+1}$. Daraus ergibt sich, dass an dieser Stelle kein Funktionswert existiert. Die Funktion ist aber dennoch an dieser Stelle unstetig, da nicht alle 3 Bedingungen erfüllt sind. Eine solche Unstetigkeit nennt man Lücke der Funktion

Kennt man den Grenzwert, so kann der fehlende Funktionswert mit diesem geschlossen werden. Man spricht daher von einer *hebbaren Unstetigkeit*. Somit ist die Funktion

$$y = \begin{cases} \frac{x^2-1}{x+1} & \text{für } x \neq -1 \\ \\ -2 & \text{für } x = 1 \end{cases}$$

eine stetige Funktion

Pol – oder Unendlichkeitsstelle:

Betrachtet man die Funktion $f_{(x)} = \frac{x+1}{x^2-1}$, so erfüllt sie keine der oben genannten 3 Bedingungen für die Stetigkeit. Versucht man zum Beispiel den funktionswert für x = 1 zu ermitteln, so ergibt sich, dass die Funktion an dieser Stelle nicht beschränkt ist und sich auch kein endlicher Grenzwert ermitteln lässt. Die Funktion ist also an dieser Stelle *unstetig*. Polstellen sind *nichthebbbare Unstetigkeiten*, da es keine Möglichkeiten gibt, den Grenzwert anstelle des Funktionswertes einzusetzen.

endlicher Sprung:

Sieht man sich die Funktion $f_{(x)} = \frac{x}{2+e^{\frac{1}{x-1}}}$ genauer an, so erkennt man, dass es hier, dass die Funktion 2 verschiedene Grenzwerte besitzt, für $x = 1$. von links ist der Grenzwert $f_{(1-0)} = \frac{1}{2}$ und von rechts her kommend $f_{(1+0)} = 0$. Auch das einsetzten des Grenzwertes, kann die Unstetigkeit nicht beheben.

7.2.3 Berechnung von Grenzwerten

7.2.3.1 Grenzwertsätze

Ist

$$\lim_{x \to x_0} f_{1(x)} = g_1 \quad \text{und} \quad \lim_{x \to x_0} f_{2(x)} = g_2$$

so gilt:

$$\lim_{x \to x_0} \left(f_{1(x)} \pm f_{2(x)} \right) = \lim_{x \to x_0} f_{1(x)} \pm \lim_{x \to x_0} f_{2(x)} = g_1 \pm g_2$$

und

$$\lim_{x \to x_0} \left(f_{1(x)} * f_{2(x)} \right) = \lim_{x \to x_0} f_{1(x)} * \lim_{x \to x_0} f_{2(x)} = g_1 * g_2$$

und darüber hinaus, sofern $\lim_{x \to x_0} f_{2(x)} \neq 0$

$$\lim_{x \to x_0} \frac{f_{1(x)}}{f_{2(x)}} = \frac{\lim_{x \to x_0} f_{1(x)}}{\lim_{x \to x_0} f_{2(x)}} = \frac{g_1}{g_2}$$

7.2.3.2 Lücken bei gebrochen rationalen Funktionen

Beispiel:

$f_{(x)} = \frac{x^2-1}{x+1}$ hier sieht man, dass sowohl der Zähler, als auch der Nenner für $x_l = -1$ Null wird und daraus folgt, dass diese Funktion an dieser Stelle eine Lücke haben muss. Somit muss man bei der gegebenen Funktion den Term ausklammern können. Die neue gekürzte Funktion lautet nun $f_{(x)} = \frac{x^2-1}{x+1} = \frac{(x-1)(x+1)}{x+1} = x - 1$. Setzt man nun in die gekürzte Funktion nun den Lückenwert -1 sein, so entsteht der gemeinsame Grenzwert -2

$$\lim_{x \to -1} \frac{x^2 - 1}{x + 1} = -2$$

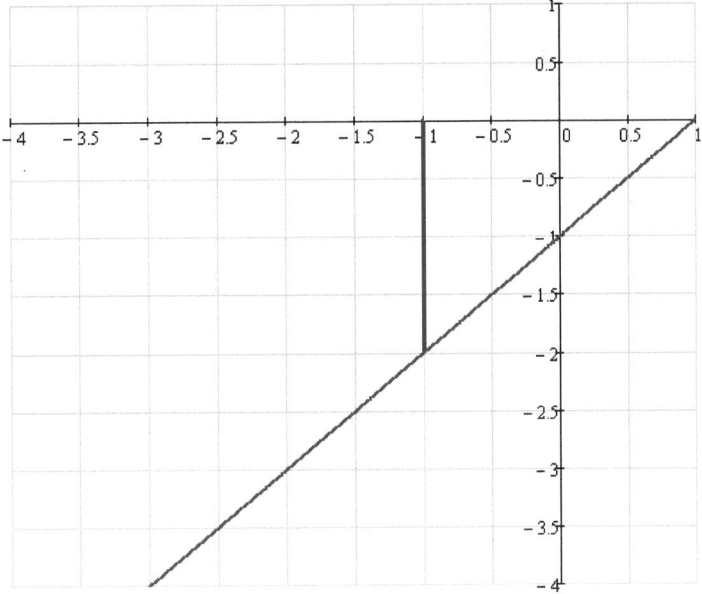

Abbildung 14 Grenzwert

Wie man auch in der Graphik sieht, „läuft" die Funktion bei x = -1 gegen y=-2.

7.2.3.3 Polstellen gebrochen rationaler Funktionen

Polstellen sind nicht hebbare Unstetigkeiten. Sie treten auf, wenn der Zähler ungleich Null und der Nenner Null ist. Diese Funktion ist an dieser Stelle bestimmt divergent, das heißt, dass der Grenzwert der Funktion ist bei Annäherung an die Polstelle bekannt. Ist nämlich x_p eine Polstelle, so wird dort zum Beispiel

$$\lim_{x \to x_p} f_{(x)} = \pm\infty$$

Formel 30 Grenzwert an Polstelle

Es gibt mehrere Arten von Polstellen. Die Funktion kann sich unterschiedlich der Polstelle annähern. An einer Seite kann sie von minus unendlich kommend am Pol vorbei und dann wieder zurück oder weiter nach plus unendlich. Daher ist es meist aufwendig, den genauen Verlauf der Funktion in der Umgebung des Pols zu bestimmen.

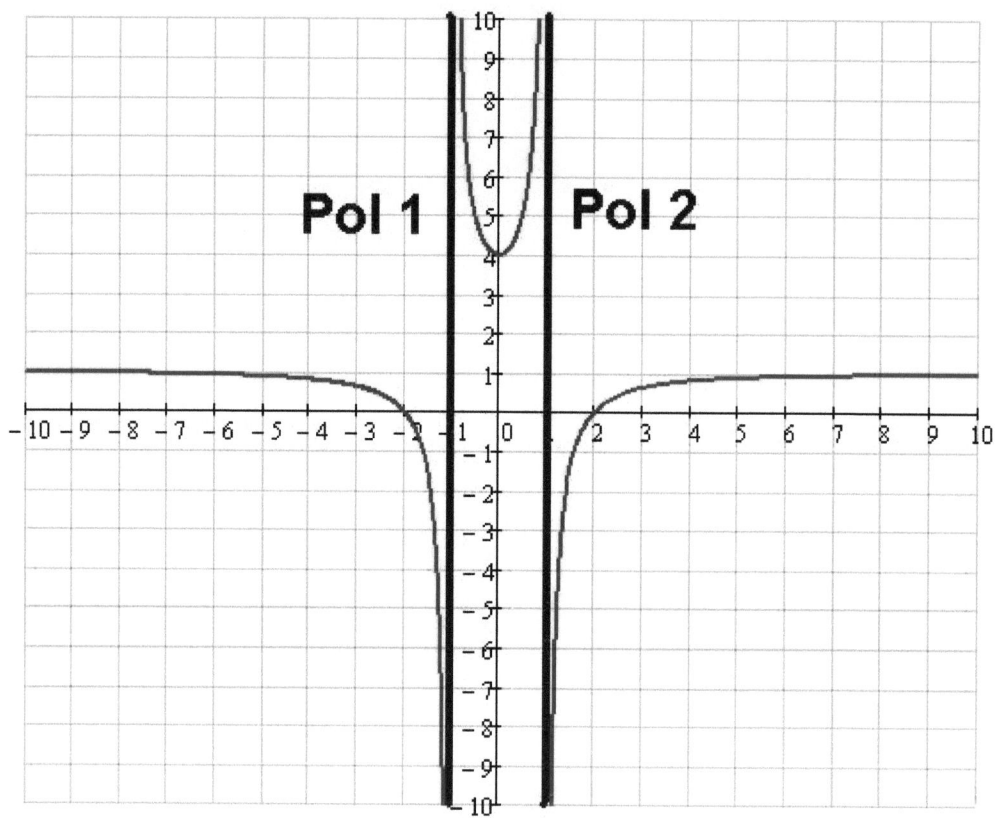

Abbildung 15 Polstellen

Beispiel:

Es soll der genaue Verlauf der Kurve $f_{(x)} = \frac{x-4}{x^2-5x+6} = \frac{x-4}{(x-2)(x-3)}$ in der Nähe der Polstelle festgestellt werden.

Lösung:

Aus der Produktforrm des Nenners erkennt man, dass die Funktion 2 einfache Polstellen besitzt. Dass es sich wirklich um Polstellen handelt, kann man durch Einsetzen der Polstellen in die Funktionsgleichung und der daraus resultierenden Null.

Die Annäherung erhält man durch:

$$\lim_{x \to 2} \frac{x-4}{(x-2)(x-3)} = \lim_{x \to 2} \frac{1}{x-2} * \lim_{x \to 2} \frac{x-4}{x-3}$$

für den letzten Bruch erhält man

$$\lim_{x \to 2^-} \frac{x-4}{x-3} = \frac{-2}{-1} = 2$$

und zwar unabhängig, in welche Richtung man sich annähert. Dadurch können wir, mit der Formel 3 auf Seite 16 dem vorderen Grenzwert zuwenden.

66

$$2 * \lim_{x \to 2^-} \frac{1}{x-2} = -\infty$$

$$2 * \lim_{x \to 2^+} \frac{1}{x-2} = \infty$$

Analog ergibt sich für 2. Polstelle der Kurvenverlauf an der Polstelle:

$$\lim_{x \to 3} \frac{x-4}{(x-2)(x-3)} = \lim_{x \to 3} \frac{x-4}{x-2} * \lim_{x \to 3} \frac{1}{x-3}$$

für den ersten Bruch erhält man:

$$\lim_{x \to 3} \frac{x-4}{x-2} = \frac{-1}{1} = -1$$

daraus ergibt sich

$$-1 * \lim_{x \to 3^-} \frac{1}{x-3} = \infty$$

$$-1 * \lim_{x \to 3^+} \frac{1}{x-3} = -\infty$$

Der Kurvenverlauf wäre demnach dann:

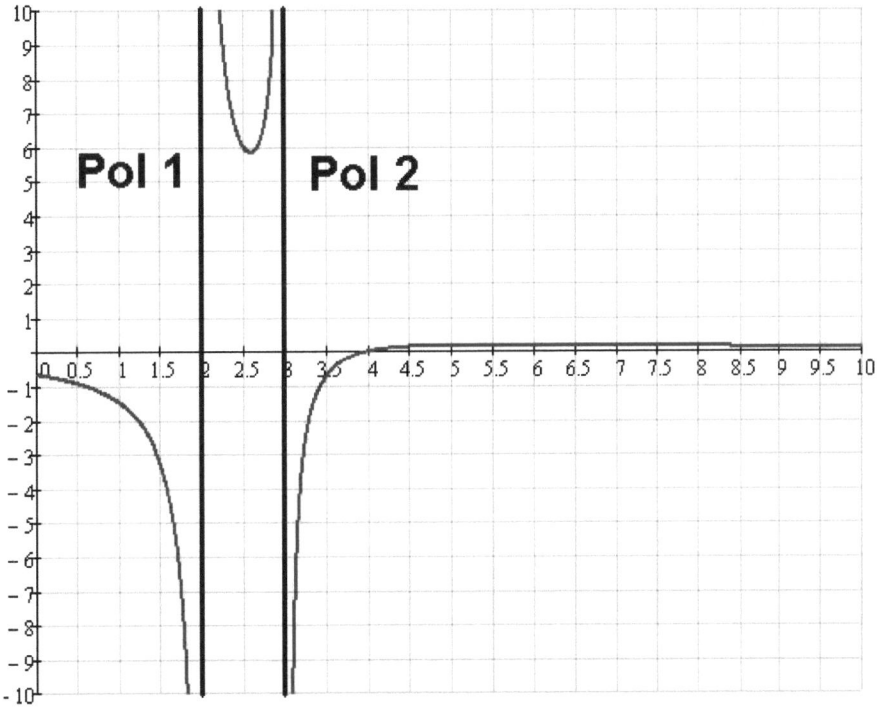

7.3 Parameterdarstellung der Kegelschnitte

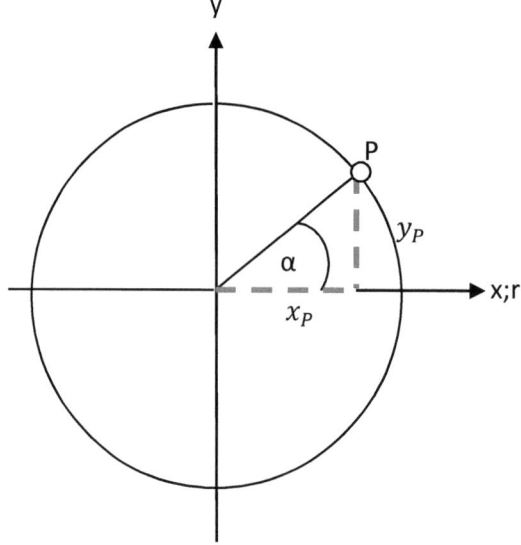

Abbildung 16 Kegelschnitt

Die Gleichung eines Kreises mit dem Mittelpunkt M (0,0) und dem Radius r in einem Kartesischen Koordinatensystem lautet:

$$r^2 = x^2 + y^2$$

umgeformt lässt sie sich auch in der Form

$$\frac{x^2}{r^2} + \frac{y^2}{r^2} = 1$$

vergleicht man dies mit dem trigonometrischen Pythagoras, so kann man die einzelnen Komponenten auch in der Parameterdarstellung darstellen.

$$x = r * \cos(\alpha) \quad \& \quad y = r * \sin(\alpha)$$

7.4 Polarkoordinaten

7.4.1 Das Polarkoordinatensystem

In einem Polarkoordinatensystem werden die Zahlen nicht durch x und y dargestellt, sondern durch einen Winkel φ und einen Radius r. Ein Punkt wird demnach mit P($\varphi; r$) bezeichnet.

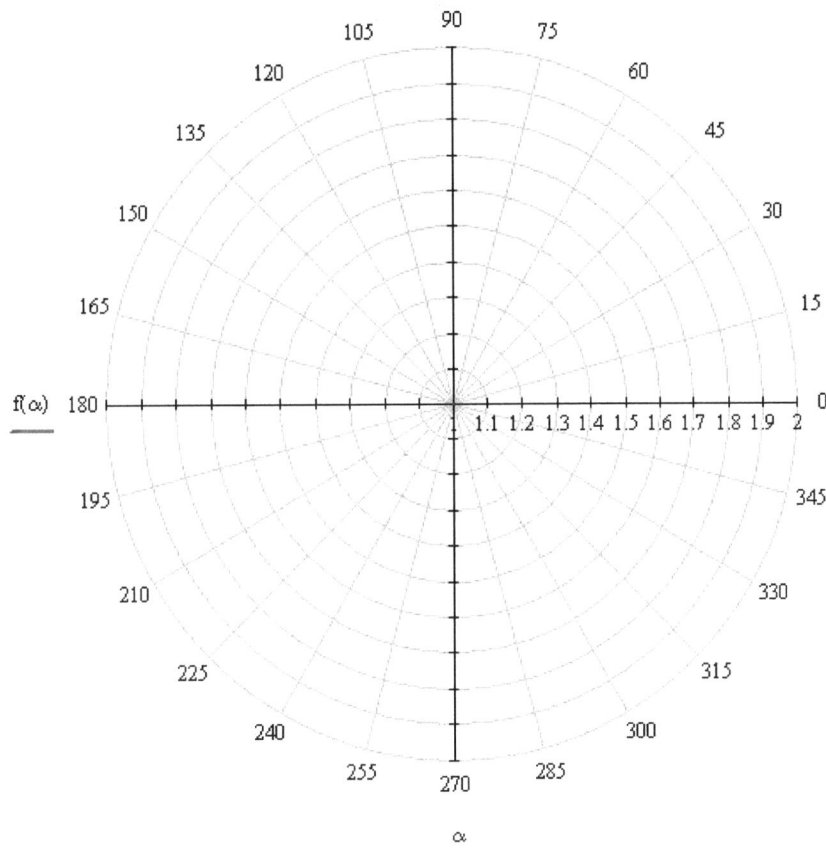

Abbildung 17 Polarkoordinatensystem

Als Beispiel kann hier die Funktion:

$$f_{(\alpha)} = 4 * \sin(2\alpha)$$

und die Funktion

$$g_{(\alpha)} = 4 * \cos(2\alpha)$$

genannt werden, die auf dem unten eingefügten Bild dargestellt werden.

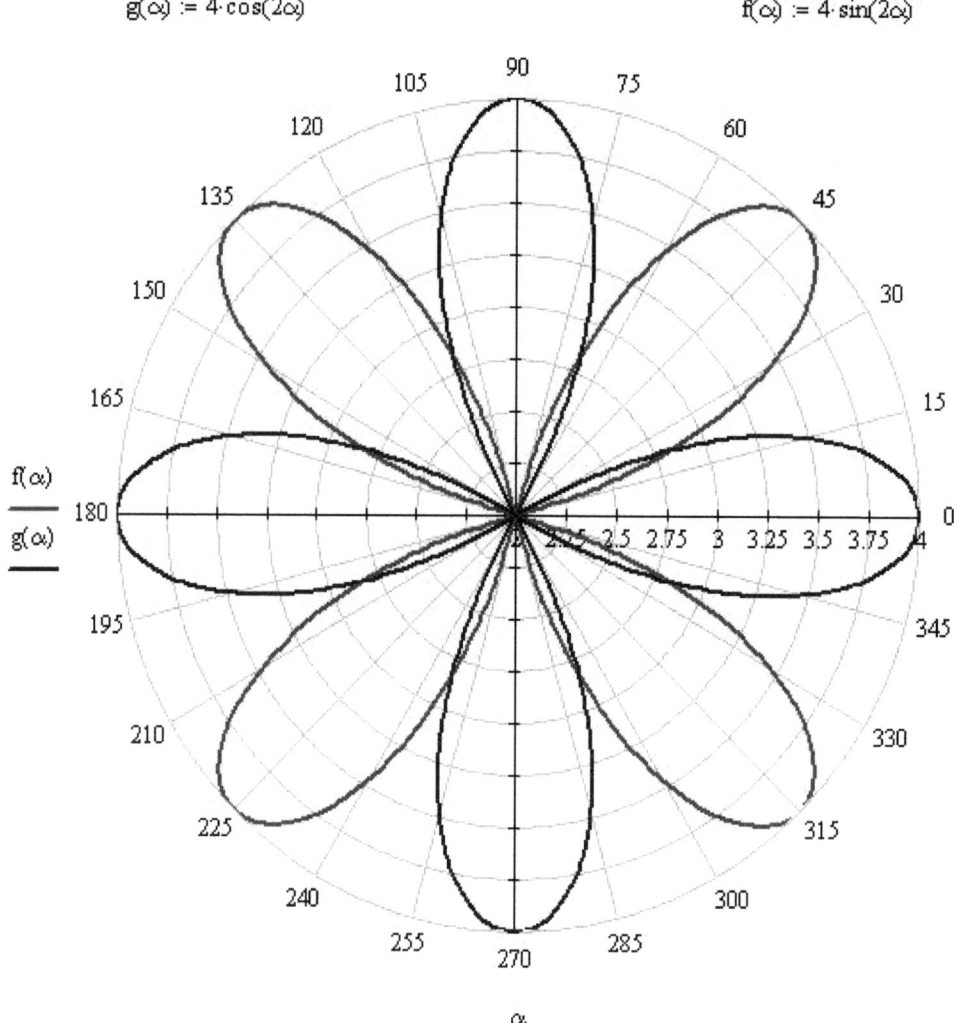

$g(\alpha) := 4 \cdot \cos(2\alpha)$ $f(\alpha) := 4 \cdot \sin(2\alpha)$

Abbildung 18 Polarkoordinatensystem mit 2 Funktionen

7.4.2 Zusammenhang zwischen Polarkoordinaten und Kartesischen Koordinaten

Umrechnung zwischen Polarkoordinaten in kartesische Koordinaten

$$x = r * \cos(\alpha) \quad \& \quad y = r * \sin(\alpha)$$

Umrechnung von kartesischen Koordinaten in Polarkoordinaten

$$r = \sqrt{x^2 + y^2}$$

und

$$\tan(\alpha) = \frac{y}{x}$$

8. Differenzialrechnung

8.1 Die Technik des Differenzierens

8.1.1 Der Differenzialquotient einer Funktion $y = f_{(x)}$

Der Differentialquotient soll anhand eines alltäglichen Beispiels anschaulich erklärt und eingeführt werden.

> *Ein Fahrzeug fährt von Langenau nach Ulm. Es startet zum Zeitpunkt t = 0 in Langenau und kommt zum Zeitpunkt t = t_E in Ulm an. Während der Fahr fährt der Fahrer eine Weile hinter einem Traktor her und muss an diversen Ampeln halten.*

$$\Delta y$$

Das Weg – Zeit – Diagramm sehe demnach etwa so aus:

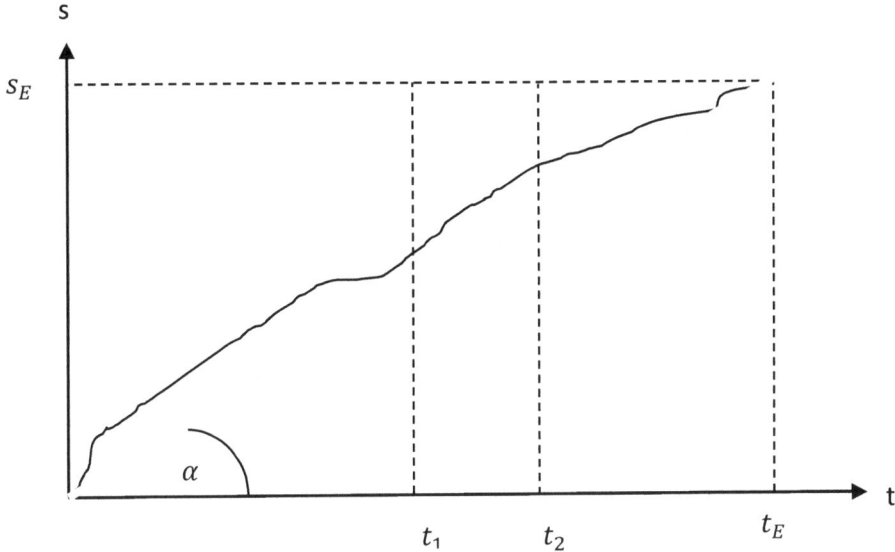

Die mittlere Geschwindigkeit (rote Gerade) beträgt per Definition demnach:

$$V_m = \frac{\Delta s}{\Delta t} = \frac{s_E}{t_E} = \tan(\alpha)$$

diese wird aber, wie man schnell erkennt, nur sehr kurz erreicht (dort, wo sich die rote und schwarze Linie berühren). Aus diesem Grund müssen wir, zum ermitteln der aktuellen Geschwindigkeit, nicht den gesamten Kurvenverlauf untersuchen, sondern nur ein sehr kleines Teilstück, zwischen den Zeiten t_1 und t_2. Es ist nun

$$V \approx \tan(\alpha) = \frac{s_2 - s_1}{t_2 - t_1}$$

Wie man anhand dieser Gleichung erkennt, wird die Messung immer genauer, je kleiner die Differenz von $t_2 - t_1$ wird. Da dieses in der Wirklichkeit seine Grenzen hat, abstrahiert man das Problem in einen allgemeingültigen mathematischen Zusammenhang:

Gegeben sei eine Funktion $y = f_{(x)}$ und ein Punkt $P_1(x_1; y_1)$, wobei gelten soll: $x_1 \in DB$ und $y_1 = f_{(x_1)}$. Gesucht ist der Anstieg der Tangente an die zugehörige Kurve im Punkt P_1.

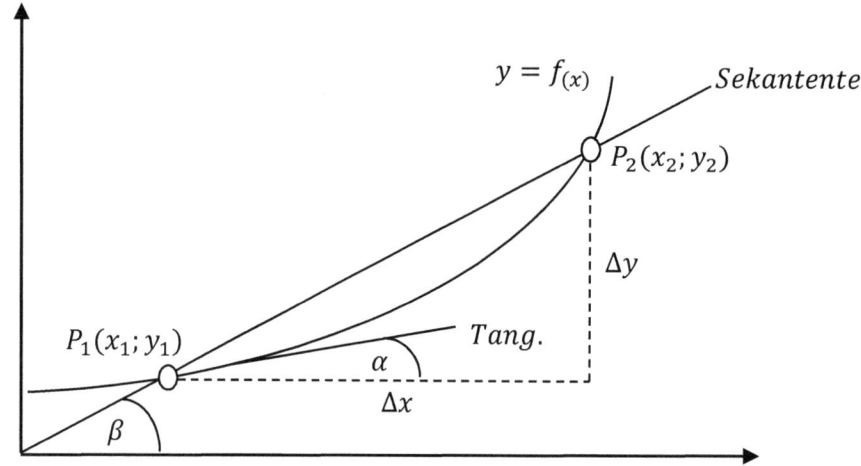

Die Sekante, die durch die Punkte P_1 und P_2 geht, ergibt die Beziehung

$$\tan(\beta) = \frac{\Delta y}{\Delta x} = \frac{y_2 - y_1}{x_2 - x_1}$$

Diesen Ausdruck bezeichnet man als **Differenzenquotient** der Funktion. man kann diesen auch noch anders angeben.

$$\tan(\beta) = \frac{\Delta y}{\Delta x} = \frac{y_2 - y_1}{x_2 - x_1} = \frac{f(x_1 + \Delta x) - f_{(x_1)}}{\Delta x}$$

Formel 31 allgemeine Darstellung des Winkels

Der **Differenzenquotient** gibt den *mittleren Anstieg* der Kurve im Intervall wieder. Wenn man nun den Anstieg der Kurve ermitteln will, so lässt man den Punkt P_2 in Richtung P_1 wandern und somit, im Grenzfall $\Delta x \to 0$, wird der Winkel β zum gesuchten Winkel α. Nun darf man nicht einfach $\Delta x = 0$ setzen, da man sonst einen unbestimmten Ausdruck erhalten würde $\left(\tan(\alpha) = \frac{0}{0}\right)$. Da es sich jedoch um eine hebbare Unstetigkeit handelt, so können wir den Grenzwert bilden.

$$\tan(\alpha) = \lim_{x_2 \to x_1} \frac{f_{(x_2)} - f_{(x_1)}}{x_2 - x_1} = \lim_{\Delta x \to 0} \frac{f(x_1 + \Delta x) - f_{(x_1)}}{\Delta x} = \lim_{\Delta x \to 0} = \frac{\Delta y}{\Delta x}\bigg|_{P_1}$$

Dieser Grenzwert heißt 1. Ableitung der Funktion $y = f_{(x)}$ im Punkte P_1 . Man nennt ihn auch Differenzquotient und schreibt dafür

$$\lim_{\Delta x \to 0} \frac{\Delta y}{\Delta x} = \frac{dy}{dx} = \frac{d}{dx} f_{(x)}$$

Formel 32 erste Ableitung

Beispiel:

Die Funktion $f_{(x)} = x^2 - 2x$ soll an der Stelle $x_1 = 3$ abgeleitet werden.

Lösung:

Es ist ...

$$f_{(3)} = (3)^2 - 2(3) = 9 - 6 = 3$$

und

$$f_{(3+\Delta x)} = (3 + \Delta x)^2 - 2(3 + \Delta x) = 9 + 6\Delta x + \Delta x^2 - 6 - 2\Delta x = 3 + 4\Delta x + \Delta x^2$$

Damit wird

$$\lim_{\Delta x \to 0} \frac{f_{(3+\Delta x)} - f_{(3)}}{\Delta x} = \lim_{\Delta x \to 0} \frac{(3 + 4\Delta x + \Delta x^2) - 3}{\Delta x} = \lim_{\Delta x \to 0} \frac{4\Delta x + \Delta x^2}{\Delta x} = \lim_{\Delta x \to 0} 4 + \Delta x = 4$$

8.1.2 Ableitung der Grundfunktionen

8.1.2.1 Ableitungen der Potenzfunktion

Eine der wichtigsten Grundfunktionen der Potenzfunktionen ist die Funktion $f_{(x)} = x^n$. Aus ihr sind alle rationalen und nichtrationalen Funktionen zusammengesetzt. Im Folgenden wird hier die Ableitungsfunktion definiert.

Wir fangen analog zum Kapitel 3.1.1 an, die Ableitungsfunktion zu bilden:

$$f'_{(x)} = \lim_{x_2 \to x_1} \frac{f_{(x_2)} - f_{(x_1)}}{x_2 - x_1}$$

mit Hilfe der Potenzgesetzt ergibt sich nach kurzem Umformen:

$$f'_{(x)} = \cdots \lim_{x_2 \to x_1} \frac{x_2^n - x_1^n}{x_2 - x} = \lim_{x_2 \to x_1} \frac{(x_2 - x_1)^n}{x_2 - x_1} = \lim_{x_2 \to x_1} \frac{(x_2 - x_1)^n}{x_2 - x_1} = \lim_{x_2 \to x_1} (x_2 - x_1)^n - (x_2 - x_1) =$$

$$\lim_{x_2 \to x_1} (x_2 - x_1)^{n-1} = n * x^{n-1}$$

nach weiterem Umformen und kürzen erhalten wir am Ende

$$f'_{(x)} = n * x^{n-1}$$

Formel 33 allgemein Formel der ersten Ableitung einer Potenzfunktion

diese Funktion gilt sowohl für ganzzahlige, aber auch für beliebige Exponenten.

8.1.2.2 Ableitungen von trigonometrischen Funktionen $f_{(x)} = \sin(x), \cos(x), \tan(x) \,\&\, \cot(x)$

$$f'_{(x)} = \lim_{\Delta x \to 0} \frac{\sin(x + \Delta x) - \sin(x)}{\Delta x} = \lim_{\Delta x \to 0} \frac{2 * \sin\frac{\Delta x}{2} * \cos\left(x + \frac{\Delta x}{2}\right)}{\frac{\Delta x}{2}}$$

mit Hilfe der Grenzwertsätze lässt sich dieser Grenzwert ein wenig vereinfachen.

$$f'_{(x)} = \lim_{\Delta x \to 0} \frac{2 * \sin\frac{\Delta x}{2} * \cos\left(x + \frac{\Delta x}{2}\right)}{\frac{\Delta x}{2}} = \lim_{\Delta x \to 0} \frac{2 * \sin\frac{\Delta x}{2}}{\frac{\Delta x}{2}} * \lim_{\Delta x \to 0} \cos\left(x + \frac{\Delta x}{2}\right)$$

$$= 1 * \lim_{\Delta x \to 0} \cos\left(x + \frac{\Delta x}{2}\right) = \cos(x)$$

$$f'_{(x)} = \cos(x)$$

analog ist dann, die Ableitung der Cosinus Funktion

$$f'_{(x)} = -\sin(x)$$

und von dieser Funktion ist die Ableitung dann

$$f'_{(x)} = -\cos(x)$$

so dass sich eine Vermutung auftut.

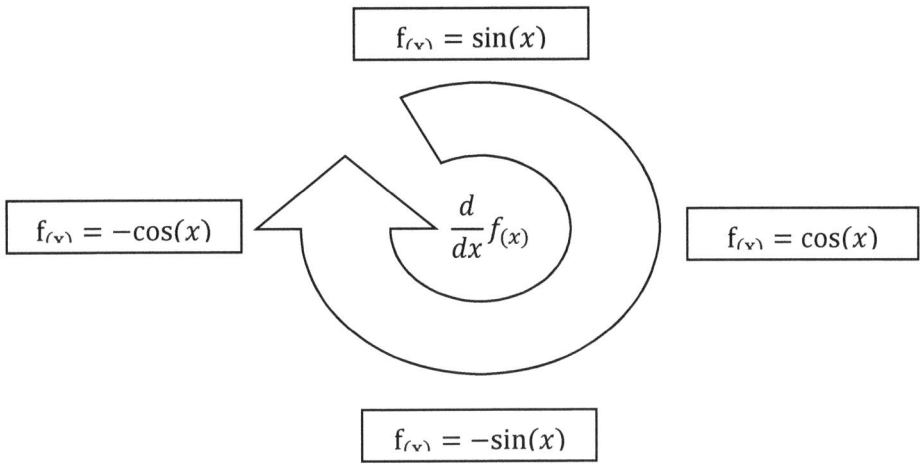

$$f_{(x)} = \sin(x)$$

$$\frac{d}{dx}f_{(x)}$$

$$f_{(x)} = -\cos(x)$$

$$f_{(x)} = \cos(x)$$

$$f_{(x)} = -\sin(x)$$

Abbildung 19 Ableitungskreis

wie man anhand dieses Bildes erkennt, ist dies eine Endloskette.

Die Ableitung des Tangens ist relativ einfach, wenn man die Definition des Tangens kennt:

$$f_{(x)} = \frac{\sin(x)}{\cos(x)} \quad \rightarrow \quad f'_{(x)} = \frac{[\cos(x)*\cos(x)] - [\sin(x)*(-\sin(x))]}{[\cos(x)]^2} = \frac{\cos(x)^2 + \sin(x)^2}{\cos(x)^2}$$

$$f'_{(x)} = \frac{1}{\cos(x)^2}$$

Formel 34 Ableitung Tangens

analog funktioniert dies beim Kotangens:

$$f_{(x)} = \frac{\cos(x)}{\sin(x)} \quad \rightarrow \quad f'_{(x)} = \frac{[\sin(x)*-\sin(x)] - [\cos(x)*(\cos(x))]}{[\sin(x)]^2} = \frac{-\sin(x)^2 - \cos(x)^2}{\sin(x)^2}$$

$$f'_{(x)} = -\frac{1}{\sin(x)^2}$$

Formel 35 Ableitung Kotangens

8.1.2.3 Die Ableitungen der Logarithmusfunktion

Da diese Herleitung sehr komplex ist, zeige ich nur das Endergebnis auf:

$$f_{(x)} = \ln(x) \quad \rightarrow \quad \acute{f}_{(x)} = \frac{1}{x}$$

Formel 36 Ableitung Logarithmus

8.1.3 Differentationsregeln

konstantes Glied: $\qquad f_{(x)} = C \qquad\qquad \rightarrow \quad \acute{f}_{(x)} = 0$

Konstanter Faktor: $\qquad f_{(x)} = a * y_{(x)} \qquad \rightarrow \quad \acute{f}_{(x)} = a * \acute{y}_{(x)}$

Summenregel: $\qquad f_{(x)} = u + v + \cdots \rightarrow \quad \acute{f}_{(x)} = \acute{u} + \acute{v} + \cdots$

Produktregel: $\qquad f_{(x)} = u * v + \cdots \rightarrow \quad \acute{f}_{(x)} = \acute{u} * v + v * u + \cdots$

Quotientenregel: $\qquad f_{(x)} = \frac{u}{v} \qquad\qquad \rightarrow \quad \acute{f}_{(x)} = \frac{v*\acute{u}-u*\acute{v}}{v^2}$

Sind 2 Funktionen ineinander geschachtelt, so verwendet man die Kettenregel.

$$y = f_{(u_{(x)})} \quad \rightarrow \quad y = \acute{f}_{(u_{(x)})} * \acute{u}_{(x)}$$

Beispiel:

$f_{(x)} = \ln(1 + x^2)$ gesucht ist $\acute{f}_{(x)}$ mit $f_{(u)} = \ln(u)$ und $u = 1 + x^2$

$$\acute{f}_{(x)} = \frac{dy}{du} * \frac{du}{dx} = \frac{1}{u} * 2x = \frac{2x}{1 + x^2}$$

8.2 Differentialgleichungen

$$\acute{y} - \frac{1}{x} * y = \frac{x^2 + x + 1}{x}$$

zuerst einmal kümmern wir uns um die linke Seite, dies wird auch als **homogene Lösung** bezeichnet:

$$\acute{y} - \frac{1}{x} * y = 0 \quad \rightarrow \frac{dy}{dx} = \frac{y}{x} \quad \rightarrow \quad \frac{1}{y} dy = \frac{1}{x} dx \quad \rightarrow \quad \int \frac{1}{y} dy = \int \frac{1}{x} dx \quad \rightarrow \quad \ln(y) = \ln(x) + C$$

um den Ln zu entfernen behelfen wir uns der E-Funktion:

$$e^{\ln(y)} = e^{\ln(x)+C} \quad \rightarrow \quad y = x * e^C \quad \rightarrow \quad y_{homogen} = x * C$$

Nun müssen wir noch die Konstante C berechnen, dies nennt man nun die **inhomogene Lösung** (*Variation der Konstanten*)

$$y_{homogen} = C * x \quad mit \; C = C_{(x)} \quad \rightarrow \quad y_{P(x)} = C_{(x)} * x$$

da in der Ursprungsgleichung $\acute{y}$ als erste Ableitung vorkommt, müssen wir $y_{P(x)}$ ebenso ableiten:

$$y_{P(x)}' = C_{(x)}' * x + C_{(x)} * 1$$

Nun müssen wir dies alles noch in die Ursprungsgleichung einsetzen:

mit $\acute{y} = C_{(x)}' * x + C_{(x)} * 1$ und $y = x * C$

$$C_{(x)}' * x + C_{(x)} * 1 - \frac{1}{x} * x * C_{(x)} = \frac{x^2 + x + 1}{x} \quad \rightarrow \quad C_{(x)}' * x = \frac{x^2 + x + 1}{x}$$

$$\rightarrow \quad C_{(x)}' = \frac{x^2 + x + 1}{x^2} = \frac{x^2}{x^2} + \frac{x}{x^2} + \frac{1}{x^2} = 1 + \frac{1}{x} + \frac{1}{x^2}$$

Nun müssen wir diesen Term nur noch diesen Term integrieren, um $C_{(x)}$ zu erhalten.

$$C_{(x)} = \int 1 * dx + \int \frac{1}{x} * dx + \int \frac{1}{x^2} * dx = x + \ln(x) - \frac{1}{x}$$

$$\rightarrow \quad y_{P(x)} = C_{(x)} * x = \left(x + \ln(x) - \frac{1}{x} \right) * x = x^2 + x * \ln(x) - 1$$

$$\rightarrow \quad y_{(x)} = y_{p(x)} + y_{h(x)} = x^2 + x * \ln(x) - 1 + x * C$$

8.3 Partielle Differentation

Eine partielle Ableitung behandelt x und y als Parameter und man leitet die Funktion nach den bekannten Ableitungsregeln ab. Allgemein lässt die partielle Ableitung wie folgt definieren:

$$f_{x_k} = \frac{\varrho f}{\varrho x_k} \; mit \; k = 1,2,\dots,n$$

Beispiel:

$$f_{(x,y)} = (2x - 3y^2)^5 \quad z_x =?; \; z_y =?$$

$$z_x = f_{x(x,y)} = \frac{\varrho}{\varrho x}(2x - 3y^2)^5 = 5(2x - 3y^2)^4 * 2 = 10(2x - 3y^2)^4$$

$$z_y = f_{y(x,y)} = \frac{\varrho}{\varrho y}(2x - 3y^2)^5 = 5(2x - 3y^2)^4 * (-6y) = -30y(2x - 3y^2)^4$$

8.4 Partielle Differentation n- ter Ordnung

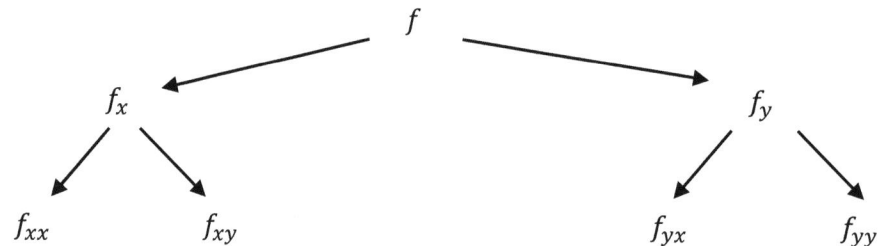

Schreibweise:

z.B.:

$$f_{xx} = \frac{\sigma}{\varrho x} * \left(\frac{\varrho f}{\varrho x}\right) = \frac{\varrho^2 f}{\varrho x^2} \; usw$$

9. Integralrechnung

9.1 Das unbestimmte Integral

9.1.1 Begriffserklärung

In Kapitel 3 wurde bereits auf den physikalischen Zusammenhang zwischen der zeitlichen Änderung des Weges $\frac{ds}{dt}$ und der Momentangeschwindigkeit $\frac{d^2s}{dt^2} = \frac{dv}{dt}$ eingegangen. Sofern $s_{(t)}$ bekannt ist, kann man mit Hilfe der Differentialrechnung die Geschwindigkeit und Beschleunigung berechnen. Im Alltag ist es jedoch meist genau anders herum. Dort hat man meist, per Tachometer, die Geschwindigkeit gegeben und möchte gerne den zurückgelegten Weg wissen. Wir Bedienen uns hierbei einfach einer Art umgekehrten Differentialrechnung – der Integralrechnung.

Aufgabenstellung Differentialrechnung:

gegeben: $s = s_{(t)}$

gesucht: $V = \frac{ds}{dt}$

Aufgabenstellung Integralrechnung:

gegeben: $V = \frac{ds}{dt}$

gesucht: $s = s_{(t)}$

Mathematisch formuliert lautet die Aufgabenstellung:

Gesucht wird die Funktion $F_{(x)}$, deren erste Ableitung $\acute{F}_{(x)} = f_{(x)}$ bekannt ist

Allgemein gilt:

$$\int f_{(x)}dx = F_{(x)} + C \quad mit \; \acute{F}_{(x)} = f_{(x)}$$

Formel 37 allgemeine Form des Integrals

Man bezeichnet:

$\int f_{(x)}dx$ als unbestimmtes Integral, da es sich um keine bestimmte Funktion handelt

$F_{(x)} + C$ als Stammfunktion

C als Integrationskonstante

9.1.2 Integration von Potenzfunktionen

Gegeben sei die Funktion $f_{(x)} = x^n$. Wir suchen nun mit Hilfe des Integrals die Stammfunktion. Die Ableitung einer Funktion $f_{(x)} = x^n$ lautet per Definition $\acute{f}_{(x)} = n * x^{n-1}$ und das Integral muss demnach $F_{(x)} = x^{n+1} + C$ lauten. Wir fassen diese beiden Informationen zusammen.

$$\int n * x^{n-1} dx = x^{n+1} + C$$

nach Anwendung der Potenzgesetzt und dem Umstellen erhalten wir die allgemeingültige Form:

$$\int x^n dx = \frac{1}{n+1} * x^{n+1} + C$$

Formel 38 allgemeine Form des Integrals

9.1.3 Integrationsregeln

Ein konstanter Faktor kann vor das Integral geschrieben werden:

$$\int a * f_{(x)} dx = a * \int f_{(x)} dx$$

Eine Summe / Differenz wird integriert, indem man die einzelnen Elemente Integriert:

$$\int (f_{1(x)} \pm f_{2(x)}) dx = \int f_{1(x)} dx \pm \int f_{2(x)} dx$$

9.1.4 Integration weiterer elementarer Funktionen

$$\int e^x dx = e^x + C$$

$$\int a^x dx = \frac{1}{Ln(a)} * a^x + C$$

9.1.5 Integration der Winkelfunktionen

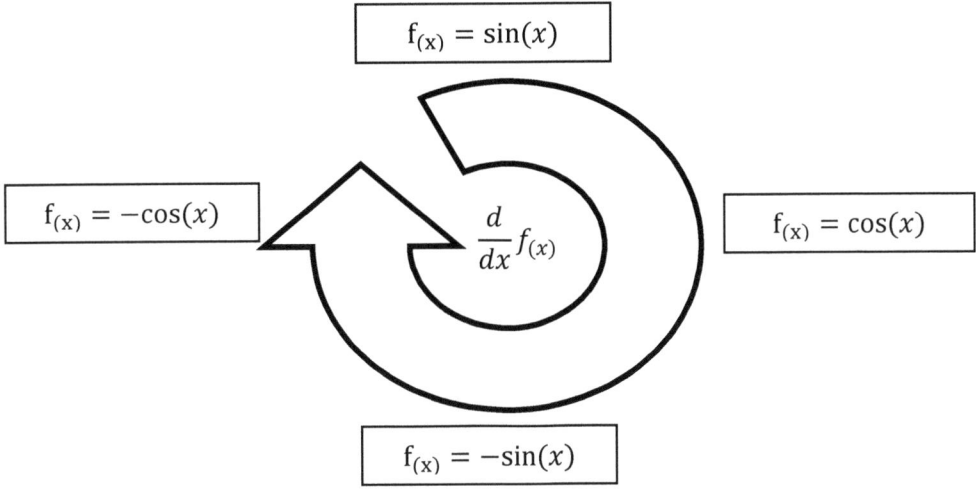

genau anders herum erfolgt das integrieren.

9.2 Das bestimmte Integral

9.2.1 Einführung

Das bestimmte Integral ist definiert, als die Fläche unter einer Funktion zwischen den 2 bekannten Punkte a und b.

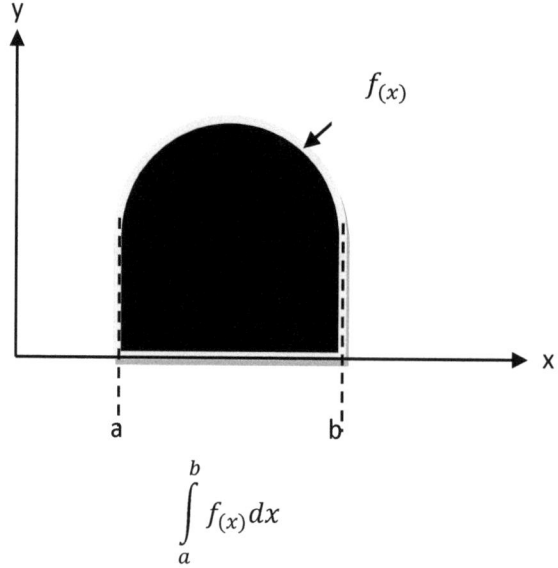

$$\int_{a}^{b} f_{(x)} \, dx$$

9.2.2 Bestimmtes Integral und der Flächeninhalt

In Integrationsbereichen mit negativen Funktionswerten, gehen negativ in den Integralwert ein, in Bereichen positive Werte entsprechend positiv. Man bestimmt zunächst sämtliche Nullstellen der Funktion, im Integrationsintervall. Anschließend untersucht man, ob die Funktion in diesem Bereich positiv ist oder negativ. Zuletzt bildet man die Integrale zwischen den Nullstellen.

Beispiel:

$$A = \int_{0}^{2\pi} \sin(x) \, dx = ?$$

Nullstellen:

$$\sin(x) = 0 \quad \rightarrow x = \pi$$

$$A = \int_{0}^{2\pi} \sin(x) \, dx = \int_{0}^{\pi} \sin(x) \, dx + \int_{\pi}^{2\pi} \sin(x) \, dx = [-\cos(x)]^{\pi}_{0} + \left|[-\cos(x)]^{\pi}_{0}\right| = 2 + 2 = 4$$

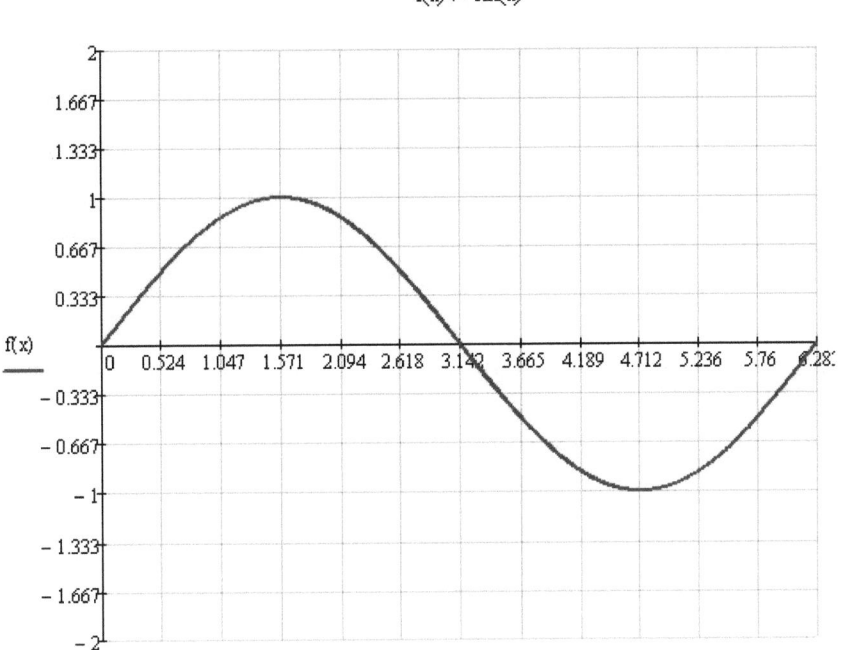

f(x) := sin(x)

Wie man anhand des Bildes sieht, wäre eine Integration ohne Betrag fatal, da diese zu dem Ergebnis 0 führen würde.

9.2.3 Integarionsregeln für bestimmte Integrale

Vertauscht man die obere und untere Grenze, so änder sich das Vorzeichen des Integrals

$$\int\limits_a^b f_{(x)}dx = -\int\limits_b^a f_{(x)}dx$$

Die Werte des Integrals ergeben sich aus der Summe der einzelnen Integrale

$$\int\limits_a^c f_{(x)}dx = \int\limits_a^b f_{(x)}dx + \int\limits_b^c f_{(x)}dx$$

9.3 Techniken des Integrierens

9.3.1 Integration durch Substitution

$$I = \int_0^1 \frac{x}{(1+x^2)^2} dx = ?$$

Wir erkennen, dass bis auf den Ausdruck $1 + x^2$ das Integral sehr stark einem Grundintegral ähnelt. Nun Substituieren wir den Ausdruck $1 + x^2$ zu z. Nun müssen wir uns noch um die Integrationsgrenzen Gedanken machen, da diese ja mitsubstituiert werden.

Grenzen
$$\text{unten: } x = 0 \quad \rightarrow \quad u = 1 + 0 = 1$$

$$\text{oben: } x = 1 \quad \rightarrow \quad u = 1 + 1 = 2$$

Das neue und einfachere Integral lautet nun:

$$I = \int_0^1 \frac{x}{(1+x^2)^2} dx \quad \rightarrow \quad \int_1^2 \frac{x}{u^2} dx$$

Nun fällt aber auf, dass wir im Nenner z stehen haben, aber nach x integrieren. Wir müssen also das Integral noch ein wenig umbauen.

$$u = 1 + x^2 \quad \rightarrow \quad \frac{du}{dx} = 2x \quad \rightarrow \quad dx = \frac{du}{2x}$$

Nach diesem Umbau können wir nun das Integral berechnen:

$$I = \int_1^2 \frac{x}{u^2} * \frac{du}{2x} = \frac{1}{2} * \int_1^2 \frac{1}{u^2} du = \frac{1}{2} * \int_1^2 u^{-2} du = \frac{1}{2} * \left[\frac{1}{-2+1} * u^{-2+1} \right]_1^2 =$$

$$\frac{1}{2} * \left[\left(-\frac{1}{2} \right) - \left(-\frac{1}{1} \right) \right] = \frac{1}{2} * \frac{1}{2} = \frac{1}{4}$$

9.3.2 Partielle Integration

Allgemein lässt sich für die partielle Integration die Formel

$$\int u_{(x)} * \acute{v}_{(x)} dx = u_{(x)} * v_{(x)} - \int \acute{u}_{(x)} * v_{(x)} dx + c$$

Beispiel:

$$I = \int x^n * \ln(x) dx = ?$$

Wir bestimmen zuerst u und $\acute{v}$

$$u = \ln(x) \quad \rightarrow \quad \acute{u} = \frac{1}{x}$$

$$\acute{v} = x^n \quad \rightarrow \quad v = \frac{1}{n+1} * x^{n+1}$$

Nun setzen wir all diese Informationen in die oben aufgeführte Formel ein:

$$I = \ln(x) * \frac{x^{n+1}}{n+1} - \int \frac{1}{x} * \frac{x^{n+1}}{n+1} dx = \frac{\ln(x) * x^{n+1}}{n+1} - \frac{1}{n+1} \int x^n dx =$$

$$\frac{\ln(x) * x^{n+1}}{n+1} - \frac{1}{n+1} * \frac{x^{n+1}}{n+1} + C = \frac{x^{n+1}}{n+1} * \left(\ln(x) - \frac{1}{n+1} \right) + C$$

Einige wichtige Formeln:

$$\int \sin(x)^n dx = -\frac{\sin(x)^{n-1} * \cos(x)}{n} + \frac{n-1}{n} * \int \sin(x)^{n-2} dx$$

$$\int \cos(x)^n dx = -\frac{\cos(x)^{n-1} * \sin(x)}{n} + \frac{n-1}{n} * \int \cos(x)^{n-2} dx$$

9.3.3 Integration durch Partialbruchzerlegung

$$I = \int \frac{8x^2 - 2x - 43}{(x + 2)^2(x - 5)} \, dx = ?$$

Zuerst einmal müssen wir die Nullstellen Bestimmen, dazu untersuchen wir den Nenner:

$$(x + 2)^2(x - 5) = 0 \quad \rightarrow \quad x_{1/2} = -2 \, ; \, x_3 = 5 \quad \rightarrow \quad \frac{A}{(x + 2)} \quad ; \quad \frac{B}{(x + 2)^2} \quad ; \quad \frac{C}{(x - 5)}$$

daraus folgt dann, die Zerlegung:

$$\frac{8x^2 - 2x - 43}{(x + 2)^2(x - 5)} = \frac{A}{x + 2} + \frac{B}{(x + 2)^2} + \frac{C}{x - 5}$$

Um nun die Konstanten A, B und C bestimmen zu können, müssen wir alles auf einen Hauptnenner bringen.

$$\frac{8x^2 - 2x - 43}{(x + 2)^2(x - 5)} = \frac{A(x + 2)(x - 5) + B(x - 5)}{(x + 2)^2(x - 5)}$$

$$8x^2 - 2x - 43 = A(x + 2)(x - 5) + B(x + 2)^2 + C(x - 5)$$

Nun setzen wir nacheinander die Nennernullstellen in die Gleichung ein und zusätzlich den Wert 0 und erhalten die gesuchten Konstanten A, B und C

für $x = -2$

$$8(-2)^2 - 2(-2) - 43 = B(-2 - 5) \quad \rightarrow \quad -7 = -7B \quad \rightarrow \quad B = 1$$

für $x = 5$

$$8(5)^2 - 2(5) - 43 = C(5 + 2)^2 \quad \rightarrow \quad 147 = 49C \quad \rightarrow \quad C = 3$$

für $x = 0$

$$-43 = -10A - 5B + 4C \quad \rightarrow \quad A = 5$$

Daraus folgt nun:

$$\frac{8x^2 - 2x - 43}{(x + 2)^2(x - 5)} = \frac{5}{x + 2} + \frac{1}{(x + 2)^2} + \frac{3}{x - 5}$$

Nun können wir dieses Integral lösen:

$$I = \int \frac{5}{x+2} + \frac{1}{(x+2)^2} + \frac{3}{x-5}\, dx = \int \frac{5}{x+2}\, dx + \int \frac{1}{(x+2)^2}\, dx + \int \frac{3}{x-5}\, dx =$$

$$5 * ln(x+2) - ln(x+2) + 3\, ln(x-5) + c$$

9.4 Anwendungen der Integralrechnung

9.4.1 Flächeninhalt

Welcher Flächeninhalt A wird von der Kurve $y^2 = 9x^2 - x^4$ eingeschlossen?

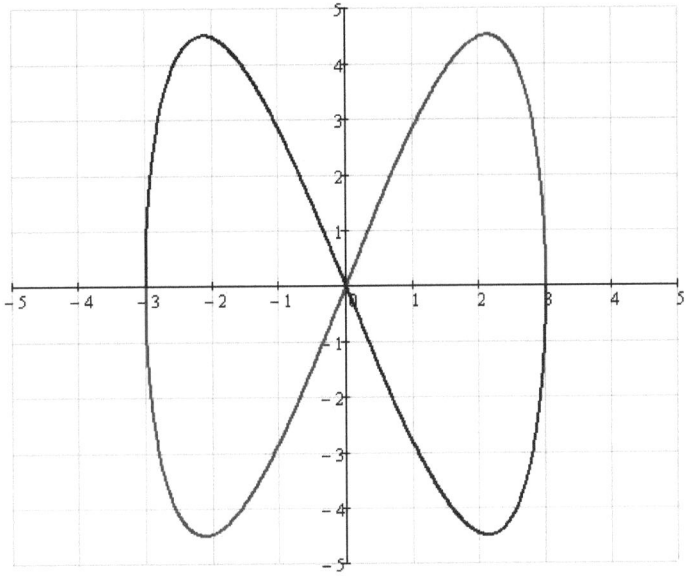

Wir lösen diese Gleichung zuerst einmal nach y auf

$$y = \pm x * \sqrt{9 - x^2}$$

Wir sehen in der Graphik, dass diese Funktion im eigentlichen Sinne aus 4 Einzelstücken besteht, die alle gleich groß sind. Wir wählen nun für die Integration das Stück im 1. Quadranten.

$$A = 4 * \int_{0}^{3} x * \sqrt{9 - x^2}\, dx$$

wir wenden eine Substitution für $9 - x^2$ an

$$u = 9 - x^2 \quad \rightarrow \quad \frac{du}{dx} = -2x \quad \rightarrow \quad dx = \frac{du}{-2x}$$

die Grenzen ändern sich nun ebenso:

das neue Integral lautet nun:

$$A = 4 * \int_0^3 x * \sqrt{u} \frac{du}{-2x} = -2 * \int_9^0 \sqrt{u}\,du = 2 * \left[\frac{2}{3}\sqrt{u^3}\right]_0^9 = \frac{4}{3}\left[u * \sqrt{u}\right]_0^9 = \frac{4}{3}(27 - 0) = 36$$

9.4.2 Flächenschwerpunkt

Allgemein lässt sich die Formel für den Schwerpunkt einer homogenen ebenen Fläche wie folgt darstellen:

$$x_s = \frac{1}{A} * \iint x\,dA \quad ; \quad y_s = \frac{1}{A} * \iint y\,dA$$

Beispiel:

Welchen Flächenschwerpunkt besitzt die Kurve $y^2 = (x^2 + 1)^2$ für x = 0 und x = 3?

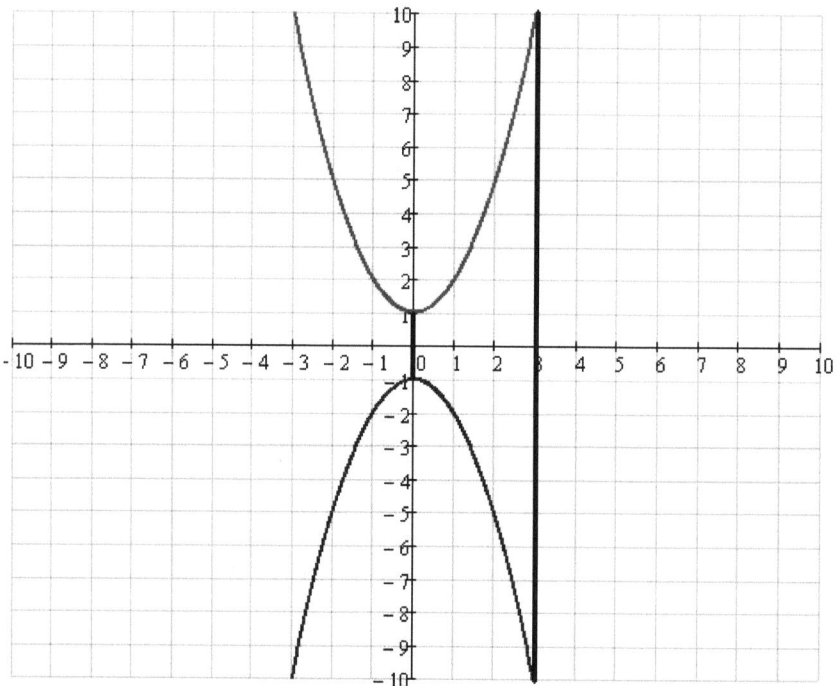

Abbildung 20 Funktion y^2=(x²+1)^2

Zuerst einmal benötigen wir für die Berechnung des Schwerpunktes die obere und untere Randkurve:

$$y_o = x^2 + 1 \quad ; \quad y_u = -x^2 - 1$$

Aus der Symmetrie ergibt sich, dass wir auch 2-mal das obere Flächenstück verwenden können. Wir müssen nur das berechnende Integral 2-mal nehmen.

$$A = 2 * \int_0^3 (x^2 + 1)dx = 2 * \left[\frac{1}{3}x^3 + x\right]_0^3 = 2 * [(9 + 3) - (0 - 0)] = 24$$

anschließend können wir die Schwerpunkte berechnen:

$$x_s = \frac{1}{A} * 2 * \int_0^3 x * (x^2 + 1)dx = \frac{1}{12} * \int_0^3 (x^3 + x)dx = \frac{1}{12}\left[\frac{1}{4}x^4 + \frac{1}{2}x^2\right]_0^3 =$$

$$\frac{1}{12}\left[\left(\frac{81}{4} + \frac{9}{2}\right) - (0 - 0)\right] = \frac{33}{16}$$

aus Symetriegründen erkennen wir, das y_s auf der y $-$ Achse liegt.

9.4.3 Flächenträgheitsmomente

$$I_x = \int_{x=a}^{b} \int_{fu_{(x)}}^{fo_{(x)}} y^2 dydx \quad ; \quad I_y = \int_{x=a}^{b} \int_{fu_{(x)}}^{fo_{(x)}} x^2 dydx \quad ; \quad I_p = \int_{x=a}^{b} \int_{fu_{(x)}}^{fo_{(x)}} (x^2 + y^2)dydx$$

10. Komplexe Funktionen

10.1 Grundbegriffe

10.1.1 Einführung der komplexen Zahlen

Wenn man sich als Beispiel einmal die Funktion:

$$f_{(x)} = x^2 + 4$$

anschaut, dann erkennt man, dass diese Funktion mit den reellen Zahlen nicht lösbar ist, da es keine quadratische Zahl gibt, die -4 ergibt. Aus diesem Grund es erforderlich, dass wir erneut den Zahlenbereich erweitern. Dieser neue Bereich muss 2 wichtige Forderungen erfüllen:

1.   Es muss eine beliebige algebraische Gleichung lösbar sein. auch solche, die unter der Wurzel negativ sind.

2.   Der Bereich der reellen Zahlen muss im neuen Bereich enthalten sein und alle Rechengesetze müssen weiter ihre Gültigkeit behalten.

Der neue Bereich wird als „Bereich der komplexen Zahlen" bezeichnet und mit dem Symbol $\mathbb{C}$ bezeichnet.

$$i^2 = -1$$

Formel 39 Imaginäreinheit i

Allgemein gilt:

$$i^0 = 1$$
$$i^1 = i$$
$$i^{4n+1} = i$$
$$i^{4n+2} = i^2 = -1$$
$$i^{4n+3} = i^3 = -i$$
$$i^{4n+4} = i^3 * i = -i * i = -(-1) = 1$$
$$… …$$

Nun kann die komplexe Zahl eingeführt werden:

$$z = Realteil + Imagin\ddot{a}rteil = Re_{(z)} + Im_{(z)} = a + bi$$

Zu jeder komplexen Zahl $z = a + bi$ existier ihre komplex konjungierte Zahl

$$\bar{z} = a - bi$$

Beispiele:

$z = 3 + 7i$ $\Rightarrow Re_{(z)} = 3;$ $Im_{(z)} = 7$
$z = 12$ $\Rightarrow Re_{(z)} = 12;$ $Im_{(z)} = 0$
$z = -22i$ $\Rightarrow Re_{(z)} = 0;$ $Im_{(z)} = -22$

10.1.2 Veranschaulichung komplexer Zahlen

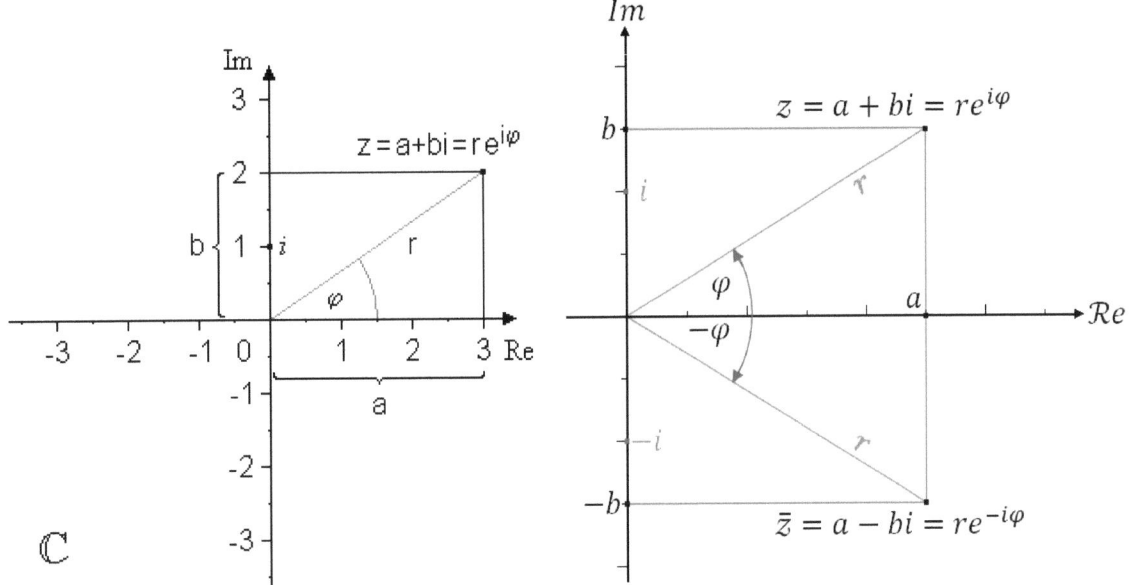

Abbildung 22 komplexe Zahl

Abbildung 21 komplexe und komplex konjungierte Zahl

10.2 Darstellungsformen der komplexen Zahlen

$$z^n = 1 + i = \sqrt[n]{1 + i} = (1 + i)^{\frac{1}{n}}$$

Formel 40 komplexe Zahl

Vorgehensweise zur Darstellung einer komplexen Zahl:

1. Betrag

2. Phase

1. Betrag:

$$z_0 = 1 + 1 * i$$

daraus berechnen wir nun den Betrag.

$$|z_0| = \sqrt{1^2 + 1^2} = \sqrt{2} = r$$

2. Phase:

$$\tan(\varphi) = \frac{Ima}{Rea} = \frac{1}{1} \quad \rightarrow \quad \varphi = \arctan(1) = 45°$$

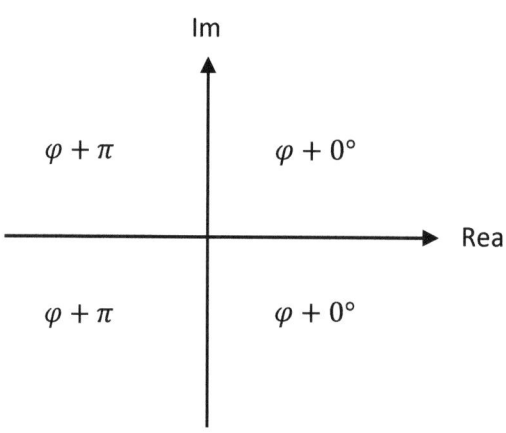

Abbildung 23 Werte, die für φ dazu addiert werden müssen

$$k = n - 1$$

$$z_k = \sqrt[n]{r} * \left[cos\left(\frac{\varphi}{n} + \frac{k * 2\pi}{n}\right) + i * \sin\left(\frac{\varphi}{n} + \frac{k * 2\pi}{n}\right) \right]$$

$$z_k = \sqrt[n]{r} * e^{i*\left(\frac{\varphi}{n} + \frac{k*2\pi}{n}\right)}$$

$$z_k = e^{i*k*\frac{2\pi}{n}} * \sqrt[n]{r} * e^{i*\frac{\varphi}{n}}$$

10.3 Anwendungen und Beispiele zu den komplexen Zahlen

5.3.1 Beispiel 1

Berechnen Sie die Lösungen folgender komplexer Funktionen:

$$z^3 = -20 = \left(\sqrt[3]{-20} = (-20)^{\frac{1}{3}} \right)$$

$$z_0 = -20 + 0i$$

$$|z_0| = \sqrt{(-20)^2 + (0)^2} = 20 = r$$

$$tan\varphi = \frac{Im_{(z)}}{Re_{(z)}} = \frac{0}{-20} \Rightarrow \delta = \arctan\left(\frac{0}{-20}\right) = 0° = \varphi$$

$$z_k = \sqrt[n]{r} * \left[\cos\left(\frac{\varphi}{n} + \frac{k*2\pi}{n}\right) + i * \sin\left(\frac{\varphi}{n} + \frac{k*2\pi}{n}\right) \right]$$

mit k=0;1;2 und n =3

$$z_0 = \sqrt[3]{20} * \left[\cos\left(\frac{0}{3} + \frac{0*2\pi}{3}\right) + i * \sin\left(\frac{0}{3} + \frac{0*2\pi}{3}\right) \right] = 2{,}714 \ldots$$

$$z_1 = \sqrt[3]{20} * \left[\cos\left(\frac{0}{3} + \frac{1*2\pi}{3}\right) + i * \sin\left(\frac{0}{3} + \frac{0*2\pi}{3}\right) \right] = -1{,}357 \ldots + i * 2{,}350 \ldots$$

$$z_2 = \sqrt[3]{20} * \left[\cos\left(\frac{0}{3} + \frac{2*2\pi}{3}\right) + i * \sin\left(\frac{0}{3} + \frac{2*2\pi}{3}\right) \right] = -1{,}357 \ldots - i * 2{,}350 \ldots$$

10.3.2 Beispiel 2

Gegeben ist die unten aufgeführte Schaltung, mit

$R_1 = 100\Omega$; $R_2 = 50\Omega$; $R_3 = 100\Omega$; $C_1 = 20\mu F$; $C_2 = 10\mu F$; $L_1 = 0,1H$

$f = 80Hz$

Berechnen Sie den Betrag und die Größe des gesamt Wiederstandes.

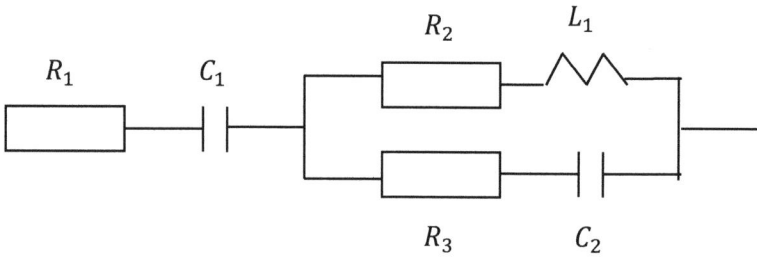

Zuerst einmal zerlegen wir diese Schaltung in 3 einzelne Schaltungen und berechnen dort die einzelnen Komplexen Wiederstände.

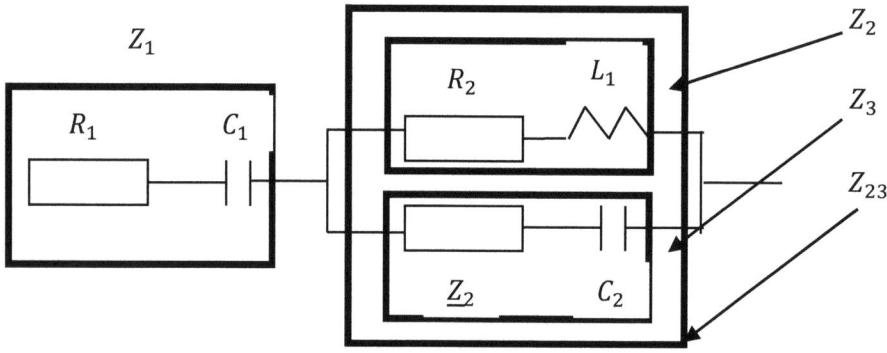

Wichtig ist die Regel:

$$\frac{1}{i} = -i$$

$$\underline{Z}_1 = R_1 + \frac{1}{i * \omega * C_1} = R_1 + \frac{1}{i * 2 * \pi * f * C_1} = R_1 - i * \frac{1}{2 * \pi * f * C_1} =$$

$$100\Omega - i * \frac{1}{2 * \pi * 80 * \frac{1}{s} * 20 * 10^{-6} \frac{As}{V}} = 100\Omega - i * 100\Omega$$

$$\underline{Z}_2 = R_2 + i * \omega * L_1 = R_2 + i * 2 * \pi * f * L_1 =$$
$$50\Omega + i * 2 * \pi * 80 \frac{1}{s} * 0{,}1 \frac{Vs}{A} = 50\Omega + i * 50\Omega$$

$$\underline{Z}_3 = R_3 + \frac{1}{i * \omega * C_2} = R_3 + \frac{1}{i * 2 * \pi * f * C_2} = R_3 - i * \frac{1}{2 * \pi * f * C_2} =$$
$$100\Omega - i * \frac{1}{2 * \pi * 80 * \frac{1}{s} * 10 * 10^{-6} \frac{As}{V}} = 100\Omega - i * 200\Omega$$

$$\underline{Z}_{23} = \frac{1}{\underline{Z}_2} + \frac{1}{\underline{Z}_3} = \left[\frac{1}{(50\Omega + i * 50\Omega)} + \frac{1}{(100\Omega - i * 200\Omega)} \right]^{-1} = 66{,}\overline{66}\Omega + i * 33{,}\overline{33}\Omega$$

$$\underline{Z} = \underline{Z}_1 + \underline{Z}_{23} = 100\Omega - i * 100\Omega + 66{,}\overline{66}\Omega + i * 33{,}\overline{33}\Omega = 166{,}\overline{66}\Omega - i * 66{,}\overline{66}\Omega$$

$$|\underline{Z}| = \sqrt{\left(166{,}\overline{66}\Omega\right)^2 + \left(66{,}\overline{66}\Omega\right)^2} = 179{,}5\Omega$$

11. Typische Abschlussprüfungsaufgabe (Kurvendiskussion)

Gegeben ist die Funktion $f_{(x)} = (x - 2) * e^{\frac{x}{2}}$ mit $x \in \mathbb{R}$. Der Graph einer solchen Funktion wird im Koordinatensystem (kartesisch) mit G_f bezeichnet.

1.1 Ermitteln Sie die Koordinaten der Schnittpunkte mit den Koordinatenachsen.

Schnittpunkt mit der x – Achse → $f_{(x)} = 0$ *und hierbei ist nur der Klammerausdruck wichtig*

$$0 = x - 2 \quad \rightarrow x = 2$$

Schnittpunkt mit der y – Achse → $f_{(0)}$

$$f_{(0)} = (0 - 2) * e^{\frac{0}{2}} = -2 * 1 = -2$$

$$NST(2; 0) \quad ; \quad SP(0; -2)$$

1.2 Berechnen Sie die erste und zweite Ableitung der Funktion.

Erste Ableitung:

$$\frac{d}{dx}f_{(x)} = f'_{(x)} = u * v' + v * u' \; mit \; u = (x - 2) \; ; \; v = e^{\frac{x}{2}} \; ; \; u' = 1 \; und \; v' = \frac{1}{2} * e^{\frac{x}{2}}$$

$$f'_{(x)} = (x - 2) * \frac{1}{2} * e^{\frac{x}{2}} + e^{\frac{x}{2}} * 1 = \frac{(x - 2) * e^{\frac{x}{2}}}{2} + e^{\frac{x}{2}}$$

zweite Ableitung:

$$\frac{d^2}{dx^2}f_{(x)} = f''_{(x)} = u * v' + v * u' \; mit \; u = e^{\frac{x}{2}} \; ; \; v = \frac{(x - 2) * e^{\frac{x}{2}}}{2} \; ; \; u' = \frac{1}{2} * e^{\frac{x}{2}} \; und$$
$$v' = \frac{1}{2} * \frac{1}{2} * e^{\frac{x}{2}} * (x - 2)$$

$$f''_{(x)} = e^{\frac{x}{2}} * 1 + \frac{1}{2} * \frac{1}{2} * e^{\frac{x}{2}} * (x - 2) = e^{\frac{x}{2}} + \frac{(x - 2) * e^{\frac{x}{2}}}{4}$$

1.3 Berechnen Sie die Koordinaten und Art des Extremalpunktes des Graphen G_f.

Für den Extremalpunkt benötigen wir die erste Ableitung und alle Schnittpunkte mit den Koordinatenachsen. Wir schauen uns an, wann ein Vorzeichenwechsel stattfindet und können aussagen treffen, ob dies ein Hoch – oder Tiefpunkt ist

$$-1 < x < 1$$

$e^{\frac{x}{2}}$	+	+
$\dfrac{(x - 2) * e^{\frac{x}{2}}}{2}$	-	+
Vorzeichen	-	+

Wie man sieht, hat der Graph bei x=0 einen Tiefpunkt, da der Graph von Fallend zu steigend wechselt.

1.4 Untersuchen Sie das Krümungsverhalten des Graphen G_f und geben Sie die Koordinaten des Wendepunktes an.

Für den Wendepunkt benötigen wir die zweite Ableitung und setzen diese gleich Null.

$$f''_{(x)} = 0 \quad \rightarrow \quad 0 = e^{\frac{x}{2}} + \frac{(x - 2) * e^{\frac{x}{2}}}{4}$$

hier reicht es, wenn wir den Term $\frac{(x-2)}{4}$ zu -1 berechnen.

$$\frac{(x - 2)}{4} = -1 \quad \rightarrow \quad x - 2 = -4 \quad \rightarrow \quad x = -2$$

Somit sind die Koordinaten des Wendepunktes $W_p = (-2; -4 * e^{-1})$

2.1 Untersuchen Sie das Verhalten der Funktion für $x \to \infty$ und $x \to -\infty$.

$$\lim_{x \to \infty} (x-2) * e^{\frac{x}{2}} = \infty$$

$$\lim_{x \to -\infty} (x-2) * e^{\frac{x}{2}} = 0$$

2.2 Zeigen Sie, dass die Funktion $g_{(x)} = (2x-8) * e^{\frac{x}{2}}$ eine Stammfunktion von $f_{(x)}$ ist.

$$\frac{d}{dx} g_{(x)} = u*v' + v*u' \quad mit \quad u = 2x-8 \; ; \quad v = e^{\frac{x}{2}} \; ; \quad u' = 2 \; ; v' = \frac{1}{2} e^{\frac{x}{2}}$$

$$g'_{(x)} = (2x-8) * \frac{1}{2} e^{\frac{x}{2}} + 2 * e^{\frac{x}{2}} = e^{\frac{x}{2}} * \left[2 + \frac{2x-8}{2} \right] = e^{\frac{x}{2}} * \left[2 + \frac{2(x-4)}{2} \right] = e^{\frac{x}{2}} * (x-2)$$

Wie man sieht, ist $g_{(x)}$ eine Stammfunktion von $f_{(x)}$

2.3 Der Graph, der Funktion $f_{(x)} = (x-2) * e^{\frac{x}{2}}$ schließt im 4. Quadranten ein Flächenstück ein. Berechnen Sie den Flächeninhalt für $a = 0$ und $b = 2$

$$A = \int_0^2 (x-2) * e^{\frac{x}{2}} * dx = \left[(2x-8) * e^{\frac{x}{2}} \right]_0^2 = [(-4*e) - (-8)] = 8 - 4*e$$

2.4 Zeichnen Sie den Graphen G_f im Intervall von -5 < x < 5 in ein kartesisches Koordinatensystem ein.

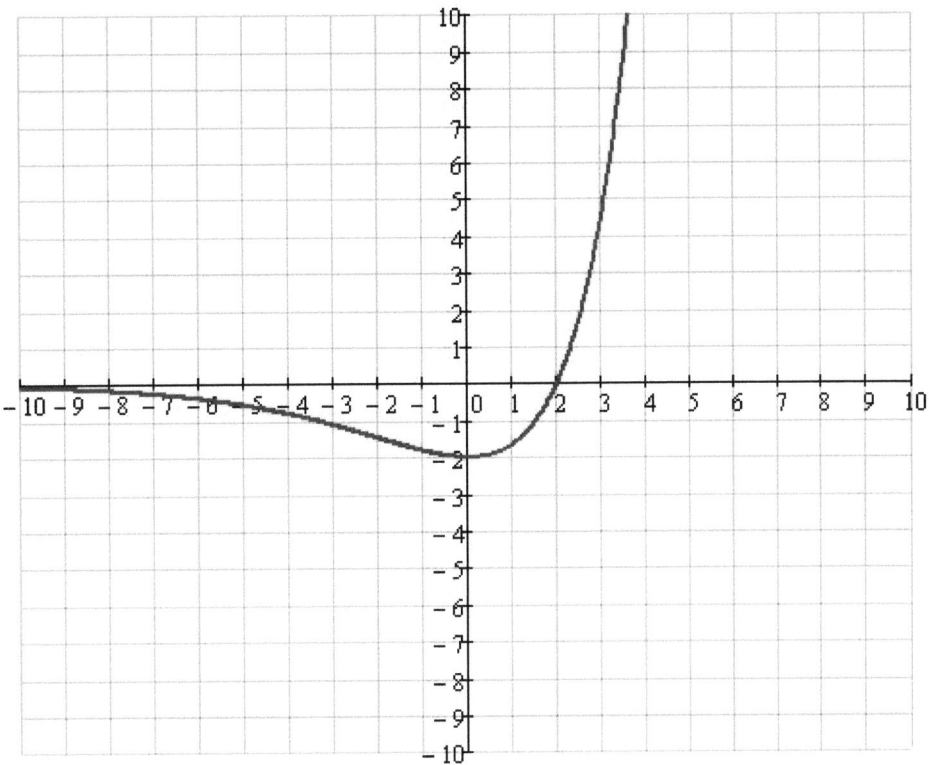

x

Tabelle 1: Wichtige Integrale und Differentiale

$f'_{(x)}$	$f_{(x)}$	$F_{(x)}$
$a * n * x^{n-1}$	$a * x^n$	$a * \dfrac{1}{n+1} * x^{n+1} + C \quad C \in \mathbb{R}$
$a * \dfrac{1}{(b*x)} * (b*x)'$	$a * \ln(b*x)$	$x * \ln(x) - x + C \quad C \in \mathbb{R}$
$a * b * \cos(b*x)$	$a * \sin(b*x)$	$a * \dfrac{1}{b} * (-\cos(b*x)) + C \quad C \in \mathbb{R}$
$-a * b * \sin(b*x)$	$a * \cos(b*x)$	$a * \dfrac{1}{b} * (\sin(b*x)) + C \quad C \in \mathbb{R}$
$a * b * \dfrac{1}{\cos^2(b*x)}$	$a * \tan(b*x)$	$a * \dfrac{1}{b} * \ln|\cos(bx)| + C \quad C \in \mathbb{R}$
$a * b * e^{b*x}$	$a * e^{b*x}$	$a * \dfrac{1}{b} * e^{b*x} + C \quad C \in \mathbb{R}$

Tabelle 2: Wichtige Ableitungsregeln

	$f_{(x)}$	$f'_{(x)}$
Faktorregel	$C * u_{(x)}$	$C * u'_{(x)}$
Produktregel	$u_{(x)} * v_{(x)}$	$u_{(x)} * v'_{(x)} + f_{(x)} = u'_{(x)} * v_{(x)}$
Summenregel	$u_{(x)} + v_{(x)}$	$u'_{(x)} + v'_{(x)}$
Quotientenregel	$\dfrac{u_{(x)}}{v_{(x)}}$	$\dfrac{u'_{(x)} * v_{(x)} - \left(u_{(x)} * v'_{(x)}\right)}{\left(v_{(x)}\right)^2}$
Kettenregel	$F_{(u)} \quad mit\ u = u_{(x)} \quad \rightarrow \quad F_{(u_{(x)})}$	$F'_{(u)} * u'_{(x)}$

Mathematische Zeichen und Ausdrücke

~	ungefähr
∞	Unendlich
≠	ungleich
∝	Proportional zu ...
∪	Vereinigung
∩	Schnittmenge
Δ	Delta (quasi die Differenz von 2 Werten)
∈	ist Elemente von ...
∧	Logisches ODER
∨	Logisches UND
∠	Winkel (spitz)
∟	rechter Winkel
⊥	senkrecht zu ...
∥	parallel
∦	nicht parallel

α	Alpha	ϑ	Theta	o	Omikron	χ	Chi
β	Beta	ι	Iota	π	Pi	ψ	Psi
γ	Gamma	κ	Kappa	ϱ	Roh	ω	Omega
δ	Delta	λ	Lambda	σ	Sigma		
ε	Epsilon	μ	My	τ	Tau		
ζ	Zeta	ν	Ny	υ	Ypsilon		
η	Eta	ξ	Xi	φ	Phi		

Nachtrag

Natürlich sind mit diesem Skript nicht alle Themen oder Unterpunkte der Mathematik abgehandelt. Es hilft jedoch, Schülerinnen und Schülern beim Einstieg in die so „geliebte" Mathematik.

Bei Fragen, Anregungen oder vielleicht aufgefallenen Fehlern bitte eine kleine Nachricht, mit einem aussagekräftigen Betreff an:

christopher.b1985@googlemail.com

Literaturverzeichnis

[1]   Gellrich, G. /. (2006). Mathematik - Ein Lehr - und Übungsbuch (Bd. 1). Harri Deutsch.

[2]   Wikipedia. (6. 1 2011). Von www.wikipedia.de/rechtssystem abgerufen

[3]   http://matheraum.de

[4]   http://www.matheboard.de

Stichwortverzeichnis